BRIDE HAIRSTYLE

新娘发型设计

温狄 / 编著

从入门到精通

人民邮电出版社
北京

图书在版编目（CIP）数据

新娘发型设计从入门到精通 / 温狄编著. -- 北京 : 人民邮电出版社, 2017.2
ISBN 978-7-115-44602-2

Ⅰ. ①新… Ⅱ. ①温… Ⅲ. ①女性－发型－设计
Ⅳ. ①TS974.21

中国版本图书馆CIP数据核字(2017)第006821号

内 容 提 要

本书是一本关于新娘发型设计的、操作性和实用性极强的教程图书，共分为三个部分，以由浅入深的方式讲解发型设计的知识。第一部分为入门阶段，介绍了造型工具的类型与用途、脸形与发型的搭配、刘海的类型与特点、发型的分区与作用，以及基础手法与案例应用；第二部分为熟练阶段，包括基础手法组合发型案例解析、百变编发手法案例解析、饰品制作、不同位置发髻的表现、不同发饰的特点与佩戴方式，以及不同的抓纱发型；第三部分为精通阶段，由经典白纱发型案例解析、经典晚礼发型案例解析，以及经典特色服饰发型案例解析组成。本书将案例分解，以图文并茂、通俗易懂的形式展现给读者，使读者能够一目了然，轻松地掌握基本手法及打造整体发型的技巧。

本书适合零基础读者、新娘跟妆师及影楼化妆造型师阅读使用，同时可作为造型培训机构的专业教材。

◆ 编　　著　温　狄
责任编辑　赵　迟
责任印制　陈　犇

◆ 人民邮电出版社出版发行　　北京市丰台区成寿寺路 11 号
邮编　100164　　电子邮件　315@ptpress.com.cn
网址　http://www.ptpress.com.cn
北京盛通印刷股份有限公司印刷

◆ 开本：880 × 1092　1/16
印张：17.5
字数：598 千字　　2017 年 2 月第 1 版
印数：1 – 3 000 册　　2017 年 2 月北京第 1 次印刷

定价：98.00 元

读者服务热线：(010)81055410　印装质量热线：(010)81055316
反盗版热线：(010)81055315
广告经营许可证：京东工商广字第 8052 号

前言

《新娘发型设计从入门到精通》终于与读者见面了，希望本书会是无数化妆师的福音。无论你是新手化妆师还是有一定工作经验的化妆师，都可以从书中获得相应的知识。本书采用阶梯式的教学模式，由浅入深地进行讲解，让你轻松掌握新娘发型的打造技巧。

当我着手编写这本书的时候，出发点非常明确，就是希望通过本书帮助当下许多化妆师解决难做发型、不会做发型的问题。秉承着传承技术的单纯想法，毫无保留地将打造发型时会涉及的基础手法或当下流行的手法以图文并茂、详细分解的形式呈现给大家。本书分为入门阶段、熟练阶段、精通阶段三个部分，读者可以通过本书将基本功打得更加扎实。同时本书还融入了饰品制作、饰品佩戴技巧及整体造型分解案例，让读者真正掌握新娘发型的整体打造技巧，并大幅度地提升自己的审美意识。

希望读者在充分利用本书的同时，也加入我们温狄化妆造型培训课堂，进行学习与交流。为使读者得到更大的提升与进步，我们将不遗余力。

本书是我利用了无数个日日夜夜编写而成的，饱含着我的无数心血。很多时候，我感觉一本书的出版犹如一个婴儿的出生，编写的过程就好比十月怀胎。希望每位读者在购买本书后，能够认真仔细地阅读与体会。也衷心祝福我的每一位读者在化妆的路上越走越好。朝着自己的梦想努力奔跑吧！

同时感谢参与本书创作的所有工作人员，尤其要感谢 B-ANGEL 模特公司的模特的精彩演绎。本书中的饰品制作章节由春晓老师完成，在此表示感谢。

另外要特别感谢苏州罗门提供的礼服与头饰。

最后送上我的座右铭：

宝剑锋从磨砺出，

梅花香自苦寒来。

温狄

2016.12

目录

PART 1
入门阶段

PART 2

熟 练 阶 段

PART 3

精 通 阶 段

PART 1

入门阶段

01 造型工具的类型与用途

基本造型工具的用途

尖尾梳

尖尾梳是最常用的造型工具之一。尖尾部分可辅助头发划分发区，调整发型中固定过紧的发丝，使其蓬松；梳齿可用于打毛，也可将发丝梳理整齐。

圆形鬃毛梳

圆形鬃毛梳柔中带硬的刷毛材质，在梳理时除了能让秀发光滑平整外，也能保护发质不受损。圆形鬃毛梳适合与吹风机搭配使用，可将头发吹出具有波浪纹理的效果，也可将毛糙的卷发吹出顺滑的层次。

扁平鬃毛梳

扁平鬃毛梳适合在需要为头发营造蓬松感时打毛发根使用。扁平鬃毛梳比尖尾梳温和，对头发的伤害较小，在造型时使用尖尾梳，头发不易打结。

钢齿梳

钢齿梳适合用于梳理假发，使假发纤维不易变形。

气垫梳

气垫梳用于梳理及整理大波浪发型，可使发卷呈现自然蓬松的卷曲纹理，同时也可使经过打毛的头发更易梳通。

发蜡棒

发蜡棒的原理与发蜡相同，但发蜡棒在整理碎发时更易操作。

发蜡

发蜡可使头发呈现自然质感及高度的重塑性，亚光效果令发型看起来更加自然，在发型边缘涂抹少量发蜡可有效避免头发毛糙。

喷水壶

喷水壶与清水搭配使用，用于湿润头发。

皮筋

皮筋在固定头发时配合卡子使用会很紧，不易扯伤头发。

卡子

卡子是在固定头发时使用的。

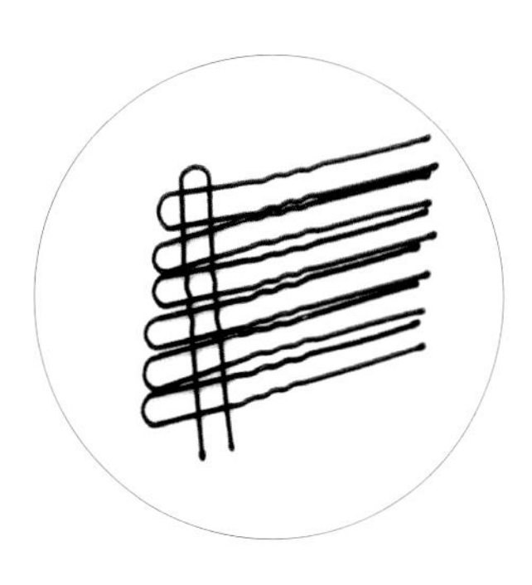

U 形卡

U 形卡在生活中不常用，主要用于固定一些较高的发型或者连接较为蓬松的头发。

鸭嘴夹

鸭嘴夹用于暂时固定分区的头发，协助造型。

无痕便利贴

无痕便利贴用于固定刘海，防止刘海发丝变形。

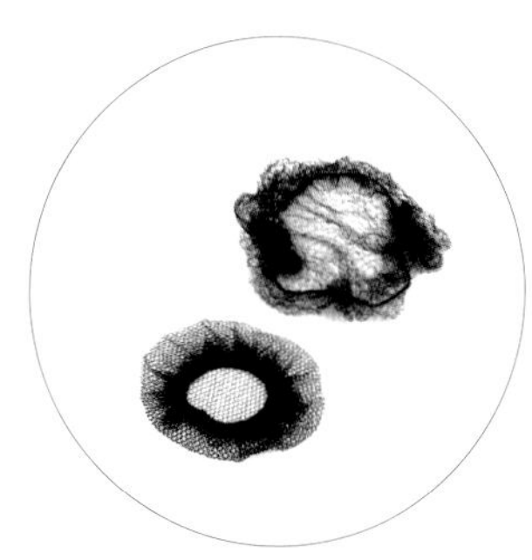

隐形发网

隐形发网用于包住头发，使头发表面干净，不易变形。一般用于发髻设计，也可在佩戴假发之前用来固定真发。

定型吹风机

定型吹风机有局部定型烘干的作用，可使发胶快速干透，且在使用时不会吹乱发型。

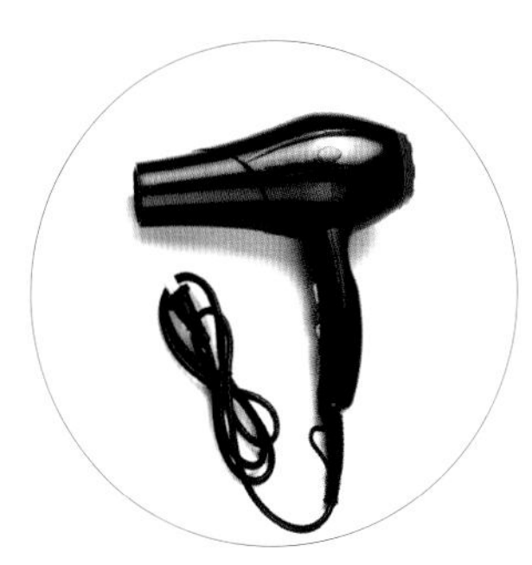

吹风机

吹风机可吹干头发，也可结合梳子为头发塑形。

卷发工具的用途与应用效果

大号电卷棒

大号电卷棒（32~38）卷出的发卷时尚、自然，它能使头发更富弹性，但持久性不强。

中号电卷棒

中号电卷棒（22~28）卷出的发卷大小适中，给人端庄、优雅的感觉，适合在盘发前使用。

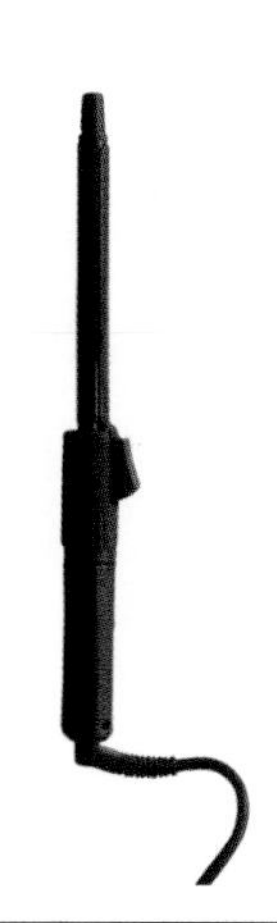

小号电卷棒

小号电卷棒（9~13）卷出的小卷时尚感强，适合发量较少的新娘，也可在打造需要增加头发蓬松感的发型时使用。

波纹杠式三棒电热卷棒

波纹杠式三棒电热卷棒可改变发丝的状态，为头发做出很卷的S形弯度，是日韩系的散发造型的利器。

玉米夹

玉米夹可改变发丝的状态，能起到增添发量、使头发更加蓬松饱满的作用。

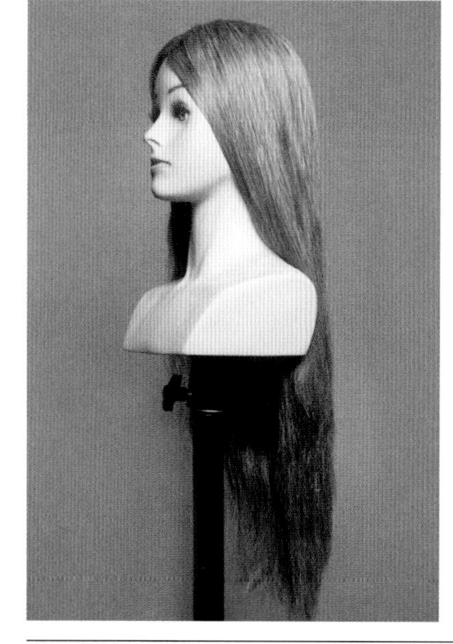

直板夹

直板夹可将毛糙的头发夹直，也可用来卷发梢，效果较自然。

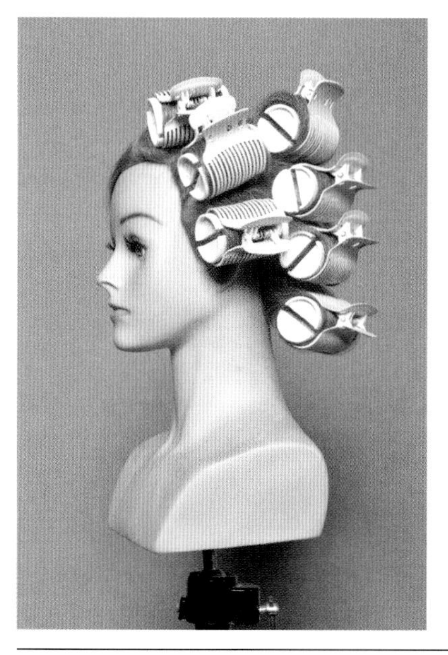
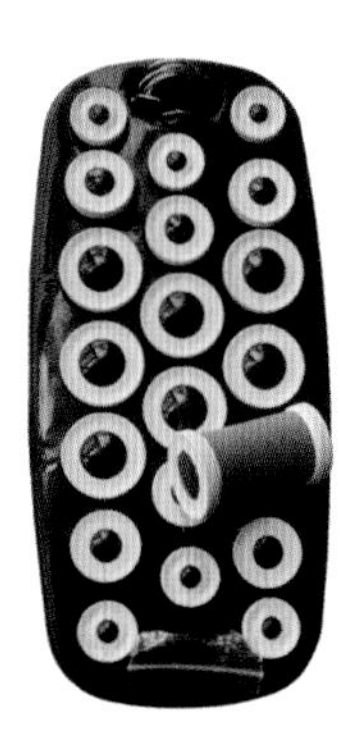

恤发器

恤发器可将头发烫卷。操作时可根据发卷大小的需求选择适当型号的恤发器。因加热时间略长，可在妆前使用，以使头发变卷，更易于进行造型设计。

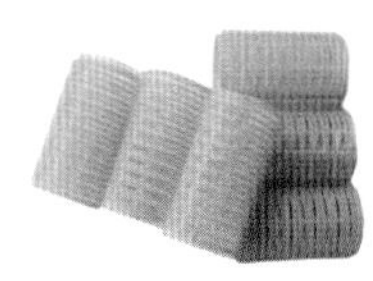

魔术发卷

魔术发卷是打造自然卷发的必备工具。它没有加热功能，可根据发型的需要选择不同粗细的发卷。发卷表面的魔术贴接触头发，不要一次性卷过多的发量。

02 脸形与发型的搭配

脸形是决定发型的重要因素之一，选择适合脸形的发型才是造型的关键。不是任何流行发型都适合任何脸形，造型师面对的新娘可能是圆脸、方脸、长脸或者瓜子脸，这就需要造型师掌握各种脸形需要修饰的重点，巧妙地运用发型线条来修饰脸形，从而达到脸形与发型的完美搭配。

标准脸形

标准脸形又称鹅蛋脸，脸宽约为脸长的一半，前额与下颌的宽度大约相同。鹅蛋脸是公认的完美脸形。从额上发际线到眉毛的水平线之间的距离约占整个脸长度的三分之一；从眉毛到鼻尖的距离也占三分之一；从鼻尖到下巴的距离也占三分之一。

对策：

完美的小鹅蛋脸可尝试任何发型。但是，选择发型也要考虑其他因素，如身材、年龄、职业、发质、侧面轮廓、两眼之间的距离，以及是否戴眼镜等。

由字形脸形

由字形脸形又可称为正三角形脸形，前额和颊骨是狭窄的，下颌轮廓是宽阔的，形成上窄下宽的脸形比例。

对策：

由字形脸形的发型，两侧发量要蓬松，要用刘海来修饰。因为双颊会比较宽，所以两边的发量要蓬松一点才能平衡。头顶应尽量避免蓬松，发型重点应在下半部分。额头两侧必须有刘海；而刘海可以中分，也可以从眉峰位置斜分，这样能掩盖由字形脸形的缺陷。

目字形脸形

目字形脸形俗称长脸形，脸颊两侧的轮廓长又直。高的前额和长的下巴使得三庭均较长。

对策：

目字形脸形给人的直觉是忧郁、老成，变化的重点在于让脸形缩短一些。在设计发型时应巧妙运用刘海修饰脸部的比例。斜刘海会暴露过高的发际线，拉长纵向的线条是为此种脸形的人设计发型的禁忌。同时顶区的头发也不宜过高，否则会使脸部拉长。前额两侧的头发可处理得蓬松饱满些，使其轮廓向横向拉伸，来平衡脸部比例。

申字形脸形

申字形脸形也称为菱形脸，脸形特征是前额和下颌轮廓均狭窄，颊骨宽阔且较高。

对策：

申字形脸形与目字形脸形有点相像，所以适合的发型也基本一样。

甲字形脸形

甲字形脸形的特征是宽额头、窄下巴，容易给人不易亲近的感觉。

对策：

在设计发型时只要注意扬长避短，便可达到整洁、美观、大方的效果。避免将所有的头发向后梳理是一个重要的原则。头顶两侧的头发尽量不要过于蓬松，否则会更加凸显甲字形脸形的特性。发型设计应当着重于缩小额宽，并增加脸下部的宽度。中分刘海或稍侧分刘海皆适宜。

圆脸形

圆脸形的眉毛到下巴的距离大约等于两侧脸颊之间的距离。圆脸形的额头和脸颊均呈圆形，短而有肉，给人不成熟感，容易显胖。

对策：

圆脸形在发型轮廓上可使两侧发型蓬松或顺直，双侧的披发可很好地起到修饰脸形的作用。圆脸形选择的发型不能太短，最好选择中长发，这样可以很好地利用长发来遮盖大而圆的脸颊，达到瘦脸的目的。圆脸形不宜选择齐刘海，可以尝试将顶区的轮廓提高，使头型与脸形的比例在视觉上产生和谐的效果。

方脸形

方脸形又称国字脸形，其特征是脸形宽，且棱角分明。前额、下颌很宽，又有棱角，具有非常明显的下颌轮廓线。一般给人的视觉印象是脸盘较大，脸部轮廓也较为扁平，人容易显得木讷。

对策：

这种脸形的造型要点是以圆破方、以柔克刚，发型设计的主要目的是尽量把脸部的棱角盖住，不要使棱角过于明显。头顶处一定要蓬松，这样才能拉长脸形的比例。前额不宜留齐整的刘海，也不宜全部暴露额部，更不宜中分，否则会使脸显得更方。刘海应尽量采用侧分。也可选用自然的大波浪卷发，以修饰方形的脸部轮廓。

03

刘海的类型与特点

刘海又称头帘，不仅能起到修饰脸形的作用，同时不同的刘海也能带来不同风格的发型效果，从而改变人的气质。根据脸形的特点巧妙运用刘海，在发型处理上可以更加得心应手。下面讲解 6 款常见刘海的特点及其与脸形的搭配。

齐刘海

齐刘海即发型师们所称的“BOBO 头”。它就像一顶帽子戴在头上。这种刘海头顶没有分界，刘海有的修成了弧形，刚刚到眼睛的上方，盖住眉毛，它能突出眼神、双颊和鼻子等。一字齐刘海垂度很强，只有直发才能显其神韵。除了剪到眼睛边缘的长刘海外，齐刘海还可以高层次削减，露出部分额头和眉毛、眼睛。齐刘海的目的在于在整个脸部的轮廓上刻意修剪出明显的外围线，它特别适合那些脸比较长、身材高挑的女子。

斜刘海

斜刘海给人的感觉有点怀旧，部分额头被圆弧形的发丝覆盖，将发量较多的刘海朝一边抚过去，可以展现出微风轻抚的感觉，非常妩媚。头顶后的头发可以烫成微卷，配合发丝飞扬的感觉。长斜刘海配长直发则会别具青春气息。而短一点的斜刘海适合中长发，头发可以是大波浪，也可以是直发，短斜刘海给人感觉非常利落，因额头大部分都暴露出来，使脸形清晰，让整个人看起来特别清爽。

编辫刘海

编辫刘海给人以甜美清新的感觉。刘海分区的手法与斜刘海相似，半包式的编辫刘海不仅能起到修饰额头、调整脸形的作用，还能给人增添清新的田园少女气质。根据发型的需要，可以将头发进行玉米烫或者烫卷后再编辫，使发辫更加蓬松饱满。

卷筒刘海

卷筒刘海可以表现出典雅而复古的气质，可根据人的脸形的特点来选择刘海的分区方式，二八分、三七分、四六分、中分均可。卷筒刘海的摆放位置有高低之别，所呈现的风格也会有所不同。偏侧摆放可表现妩媚婉约，中部摆放则可表现俏丽等。卷筒操作时，可选择内扣卷筒手法或外翻卷筒手法，内扣表现含蓄，外翻则可表现出时尚感。

空气刘海

空气刘海是当下极为流行的一种刘海。近几年韩剧中的发型深受年轻女孩的喜爱，半透明的刘海成了热门。温柔派空气感刘海既摒弃了厚重感，又可修饰脸形，清新而自然。轻薄的发丝微微内卷，隐约能露出眉眼是空气刘海的特点。此种刘海既能达到修颜减龄的效果，展现出邻家少女般的清新甜美感，又可以展现出性感魅惑的迷人气质；轻微的卷度处理让少量的刘海极具灵动性，视觉上也能起到增加发量的作用。这种轻微内卷的效果不是烫出来的，而是需要使用吹风机或直板夹搭配定型产品打造出来。没有明确的分界线的空气感刘海自然随意，可充分展现出裸妆风格。

手推波纹刘海

手推波纹刘海能够凸显时尚而复古的气质。手推波纹是对化妆师在发型方面的考验，为了能更快捷地达到较好的效果，我们也可以用一种更为简单的方法进行手推波纹。首先确定需要做波纹发型的区域，横向分 1 厘米厚的发片，向同一个方向做烫卷处理。如需要波纹的效果密集一些，电卷棒就选择细一些的，反之则选择略粗一些的。精致的波浪纹理、光洁的发片是手推波纹刘海的最大特征。常见的刘海分区有四六分、三七分、二八分、一九分等，具体可根据人的脸形、妆容、服装的特点来决定。此类刘海大多用于表现妩媚、高贵、古典等造型风格。

04

发型的分区与作用

在发型设计中，分区是很重要的。要想成功地设计一款发型，需要考虑的因素有很多，不仅要考虑新娘的脸形特点，还要考虑头发的长短、发量的多少与发丝的粗细。当操作能力和审美能力共同达到一个很高的水平时，在头部“随意”分区就可做出一个很适合顾客的发型。这种“随意”是造型师潜在的审美意识与技术相结合的产物，当熟悉了各种常见的分区方法后，就可以不刻意地去照搬这些方法，而是根据发型的需求灵活地运用分区技巧。将分区、发型轮廓与操作手法相结合，才能得到完美的效果。下面让我们一起来了解几个常见的发区和几种常见的分区方法。

几个常见的发区

刘海区

刘海区的分区方式比较多样，一般有中分、三七分、二八分等。刘海区可以遮盖前额，因此可以用来修饰额头部分的缺陷，并配合发型的整体效果。刘海区一般呈三角形或弧形。

顶区

顶区是视觉的焦点，是发型的核心部分，对整体发型起着决定性的作用。

顶区的头发主要用来为发型做支撑及增加发型的高度等，也可起到修饰发型轮廓的作用。顶区一般会分成一个比较流畅的弧形。

左右侧区

左右侧区是用来调整脸形、头形、额头的宽窄的发区，同时左右侧区可弥补颈部的不足及头形凹凸不平的缺点。

侧区一般在耳中线或耳后线，可根据需要的发量来决定分区位置。侧区的头发可以增加发型的饱满度，同时起到修饰脸形的重要作用。

后发区

分好之前几个区域的头发，剩下的就是后发区。后发区的头发主要用来修饰枕骨部位的饱满度，也经常用来修饰肩颈部位。当下韩式发型极为风靡，后发区也成为发型设计的重点区域。

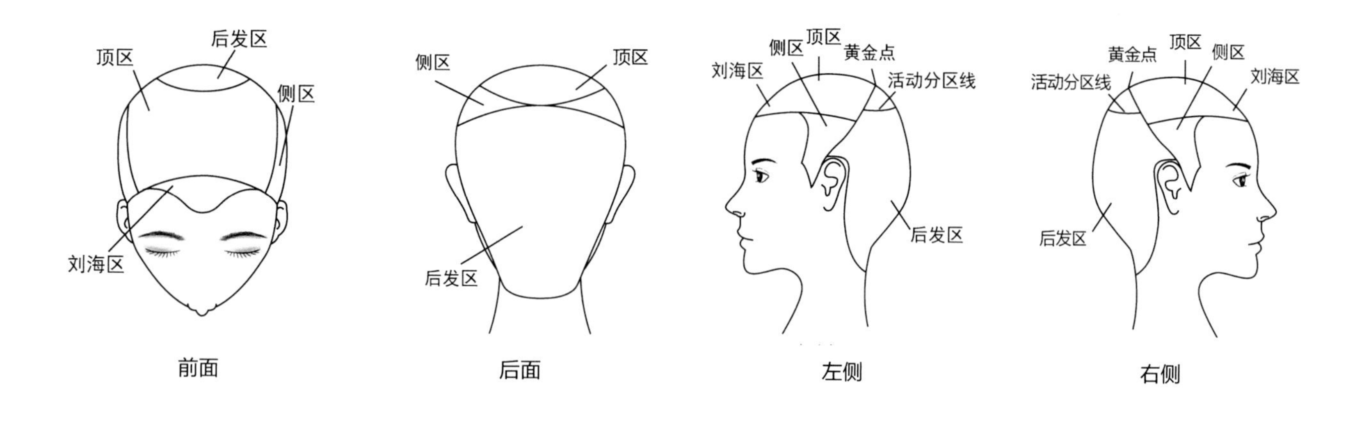

前面　后面　左侧　右侧

几种常见的分区方法

分区的方法有很多种，如 Z 形分区、S 形分区、斜线分区、正 / 倒三角形分区、一点放射分区等。后发区又有 U 形分区、Z 形分区、Y 形分区、直线分区、斜线分区等。操作未熟练时可用鸭嘴夹固定发区后再造型，操作熟练后可边分区边造型。常见的分区方法如下所示。

顶区分区

后发区分区

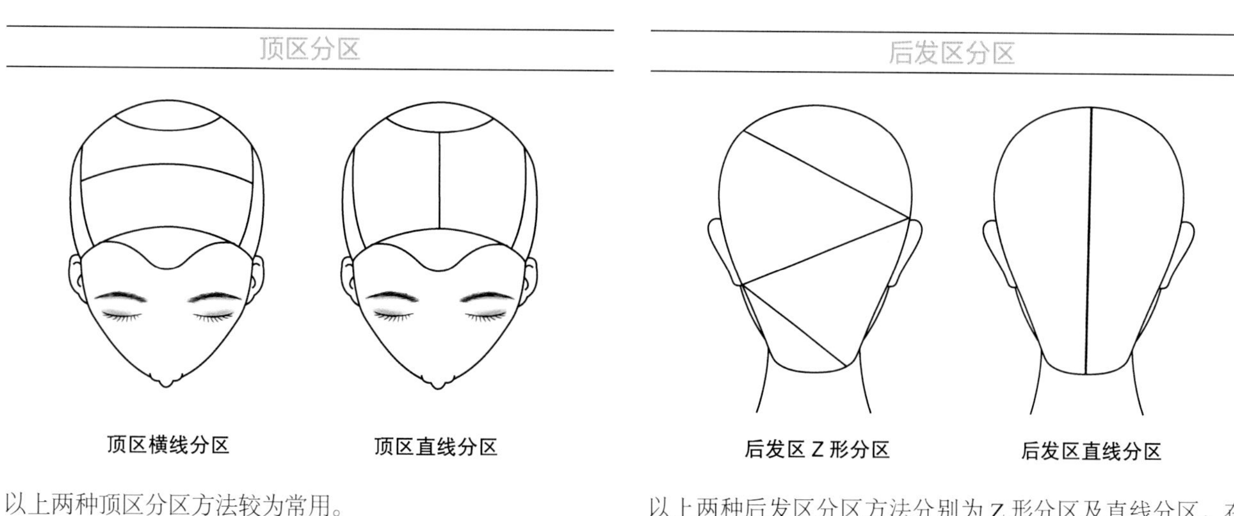

顶区横线分区　顶区直线分区　后发区 Z 形分区　后发区直线分区

以上两种顶区分区方法较为常用。

以上两种后发区分区方法分别为 Z 形分区及直线分区。在造型时一般都会先从后发区开始，以起到固定的作用。Z 形分区适用于短发，直线分区则适用于中长发及长发。

发型中点线面的运用

了解分区以后，还要知道发型是可以用点线面来结合完成的。

点的运用

在发型设计中，点有两种表现形式。

（1）点可以指每个发包及各种独立的造型。点的大小和不同的排列方式能够给人以不同的视觉效果，强弱搭配的两个点会制造视线的转移，点与点协调搭配则不会使发型产生凌乱感。

（2）点可以指头部的基准点。知道了点的正确位置和名称，才能正确地连接分区线。

① 中心点
② 前顶点
③ 头顶点
④ 黄金点
⑤ 后脑点
⑥ 枕骨点
⑦ 颈背点
⑧ 顶部、黄金间中点
⑨ 黄金、后部间中点
⑩ 前侧点（左、右）
⑪ 侧部点（左、右）
⑫ 侧角点（左、右）
⑬ 耳上点（左、右）
⑭ 耳后点（左、右）
⑮ 颈侧点（左、右）

线的运用

在发型设计中，线有三种表现形式。

（1）线以每缕发丝或发片的形式存在，多在后发区及刘海区。此种线的形式可以起到烘托整体发型的协调性的作用，如营造发梢流畅或凌乱的效果。

（2）线以分区线的形式存在，用来划分发区，缩小空间，以达到发型的准确性与可操作性。

（3）线以分份线的形式存在，分份线在分区线以内。在分出的发区内细分发片，以形成发型的不同层次。分份线可以细分为以下几种常见的线条：水平线、垂直线、斜向前、斜向后、放射线。

① 水平线：又称一字线，可使发型轮廓平行，重量感强。
② 垂直线：又称竖直线，可使发型轮廓移动性强，具有动感。
③ 斜向前：又称 A 字线，可使发型轮廓前长后短，重量向前。
④ 斜向后：又称 V 字线，可使发型轮廓前短后长，重量向后。
⑤ 放射线：又称三角线，可使发型轮廓变化，具有移动性，动感强。

面的运用

面存在于头发的表面，大片的垂发、发包都可以形成面。面在整个发型中所占的比例比较大。由面来组成整个发型的轮廓也是非常重要的。

面可分为正面、左侧、右侧和后面。

发型的大体轮廓

左右对称轮廓

左右对称的轮廓适合任何一种脸形。这种轮廓可以通过发型的大小来修饰脸形，发型的轮廓要大于脸形。

半圆形轮廓

很多发型都是以半圆形轮廓为基础，不论是生活发型还是盘发发型。这种轮廓的发型具有拉长脸形的作用；如果是长脸形，轮廓的高度可降低。

不对称轮廓

不对称轮廓的造型感较强。发型是立体的，不是平面的，所以只注重一面的效果是远远不够的。不对称轮廓的发型活泼俏丽，随意性比较强，对脸形没有太多的要求。

侧面渐增式轮廓

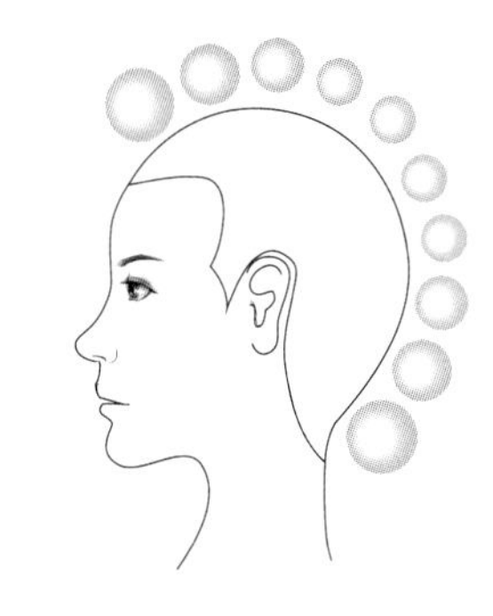

侧面渐增式轮廓的发型适合任何脸形，尤其是脸部比较大的人。这种发型能衬托脸形，可以使正面和侧面自然衔接。顶区发型高耸能拉长脸形，两侧发型饱满则有缩短脸形的作用。

角度与发型层次的关系

角度的概念

角度是从头部任何一个位置所提拉的发片与经过此点的头部的切线所形成的角。
固体为 0°。边沿为 0° ~90°（选择 30°、45°、60°）。均等为 90°。渐增为 90° ~180°（选择 120°、135°、180°）。

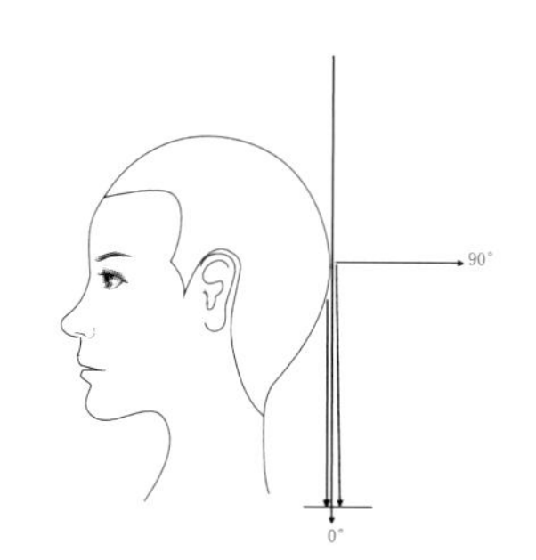

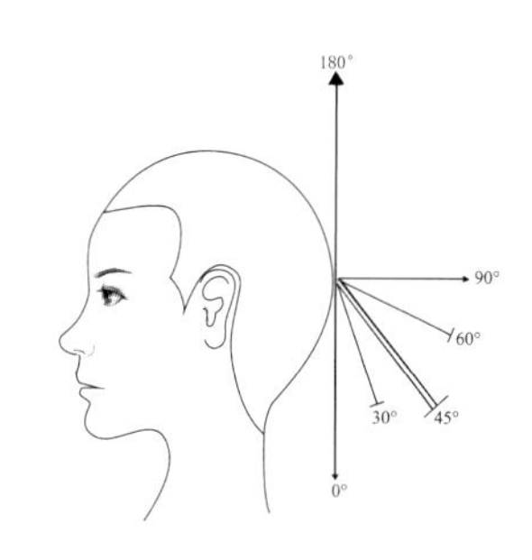

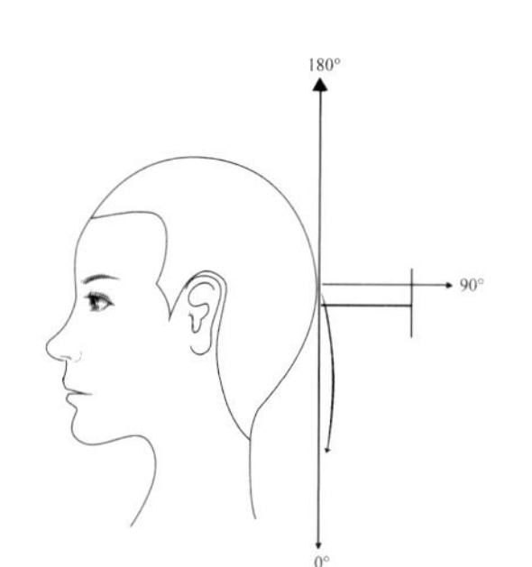

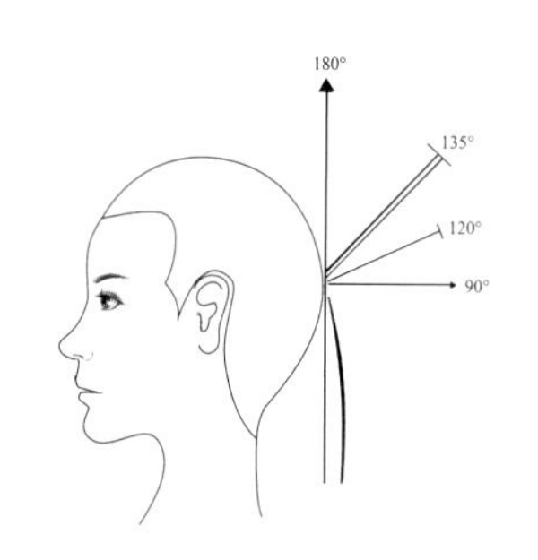

发型层次构成的原理

盘发或编发时，提拉发片的方向与发型的层次具有一定的关系，提拉发片的角度决定了发型层次的高低及长度的变化。
（1）发片向上垂直提拉，形成上短下长的层次。（2）发片向前水平提拉，形成前短后长的层次。（3）发片向后水平提拉，形成前长后短的层次。

外翻烫卷

基本操作方式

01 将头发梳理干净。

02 取一束发片。

03 取电卷棒，将发片放在电卷棒与夹片中间。

04 将发片由下向上缠绕在电卷棒上。用相同的手法重复操作至发尾。

05 使发片在电卷棒上停留 5 秒左右。用同样的手法处理所有的头发。

06 外翻烫卷完成图。

01 用外翻烫发的手法将所有的头发烫卷。

02 用气垫梳将发卷沿着外翻纹理梳理。

03 调整发卷纹理及发型轮廓。

04 喷发胶定型。

05 在顶区佩戴皇冠，点缀发型。

06 用外翻烫卷手法打造的发型完成图正面。

07 用外翻烫卷手法打造的发型完成图左侧。

08 用外翻烫卷手法打造的发型完成图右侧。

09 用外翻烫卷手法打造的发型完成图后面。

内扣烫卷

基本操作方式

01 用气垫梳将头发梳理干净。

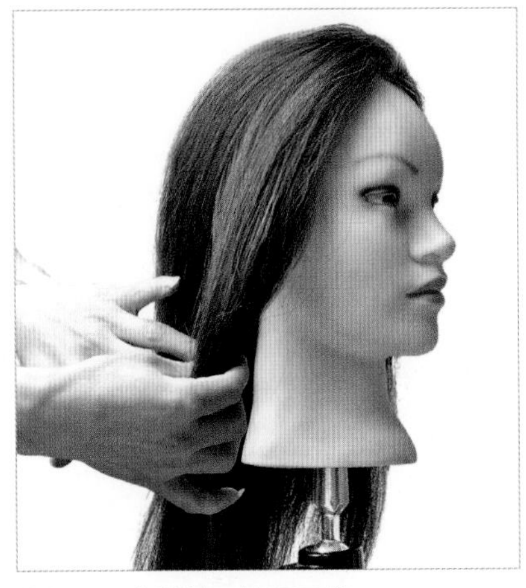

02 取一束发片，梳理干净。

03 取电卷棒，将发片放在电卷棒与夹片中间。

04 将头发由下向上缠绕在电卷棒上。

05 将发尾全部缠绕在电卷棒上。

06 使头发在电卷棒上停留数秒后，取出电卷棒。

07 内扣烫卷完成图。

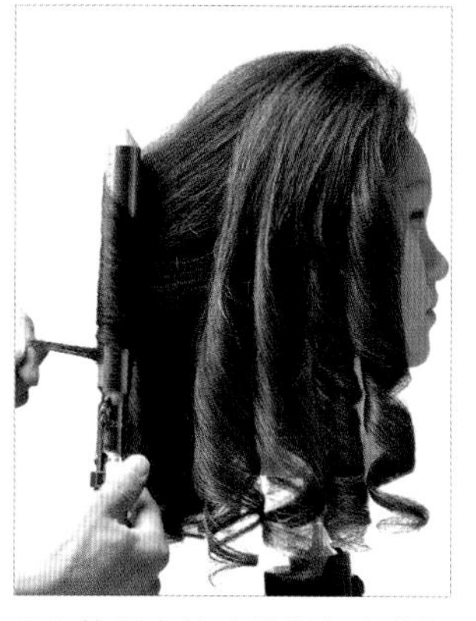

01 将所有的头发以竖向内扣的手法烫卷。

02 以头发颈部中间的位置作为基准线，分出左右发区。

03 用气垫梳将右侧区的发卷沿着发卷的纹理梳开。

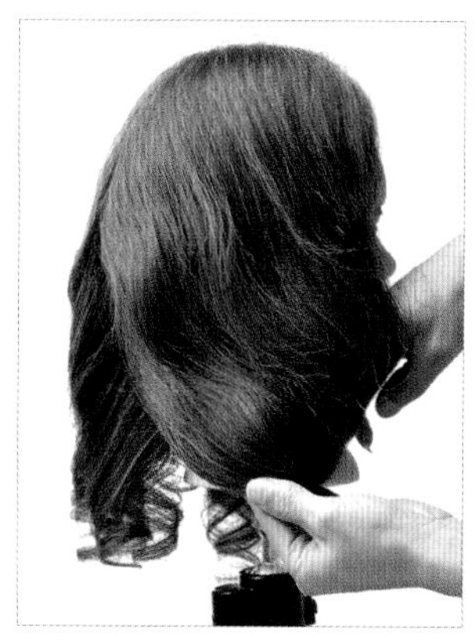

04 将发卷做成卷筒状。

05 将卷筒固定。

06 用相同的手法对左侧的头发进行操作。

07 在顶区的右侧佩戴头饰。

08 用内扣烫发手法打造的发型完成图正面。

09 用内扣烫发手法打造的发型完成图右侧。

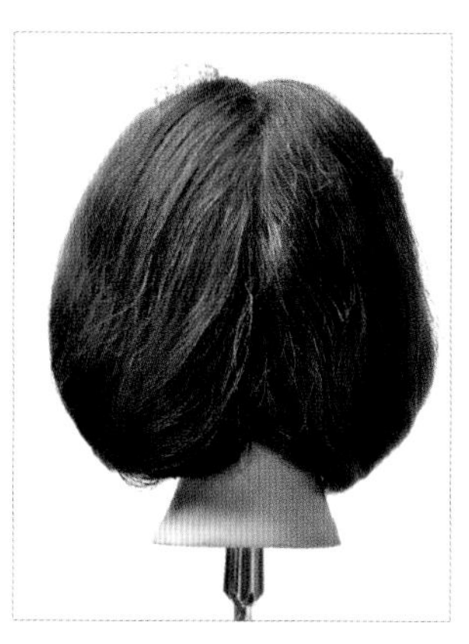

10 用内扣烫发手法打造的发型完成图后面。

11 用内扣烫发手法打造的发型完成图左侧。

扎马尾

基本操作方式

01 将所有的头发向后梳理干净。

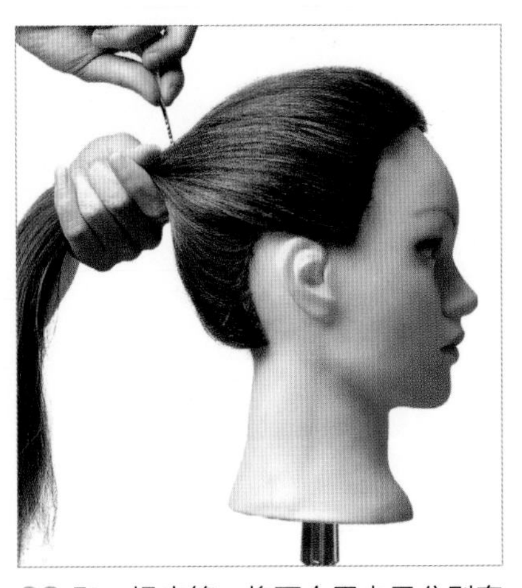

02 取一根皮筋，将两个黑卡子分别套入其中。

03 用皮筋缠绕马尾，将其捆绑并用黑发卡固定。

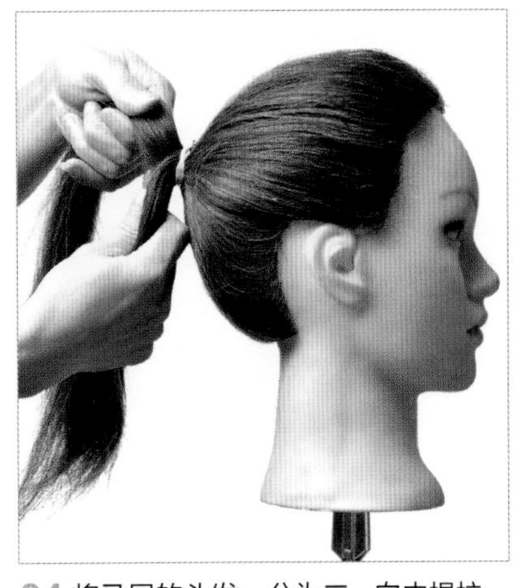

04 将马尾的头发一分为二，向内提拉，使马尾更紧。

05 在顶区喷少量发胶，对表面头发进行再次处理，使其更加光洁。

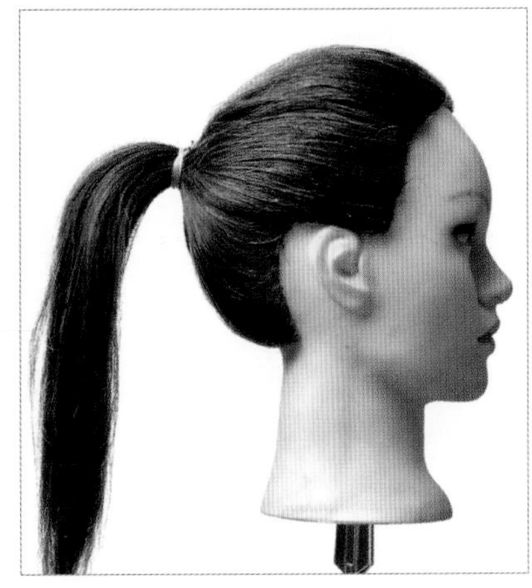

06 用扎马尾手法打造的马尾完成图。

07 用扎马尾手法打造的高马尾完成图。

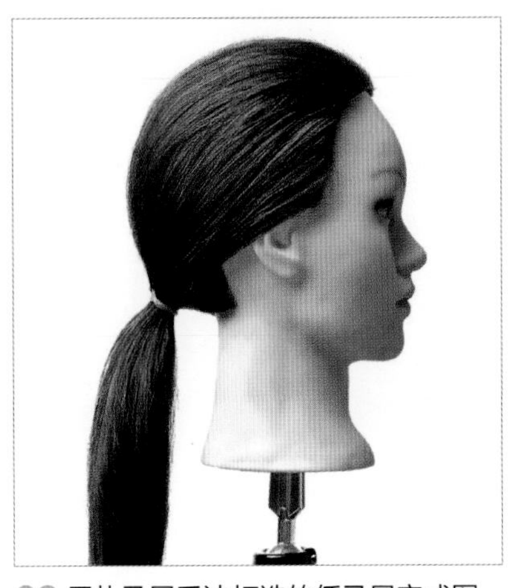

08 用扎马尾手法打造的低马尾完成图。

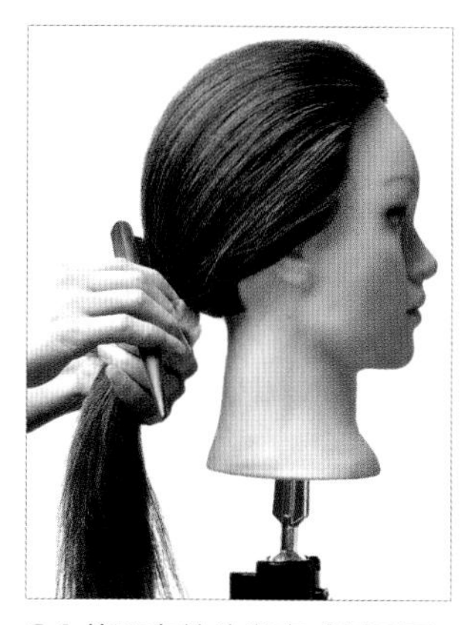

01 将所有的头发束成低马尾。

02 将发尾的头发穿过马尾发根的中间位置。

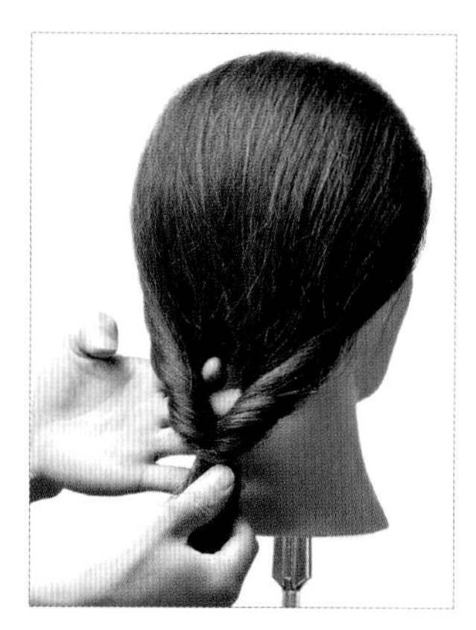

03 缠绕穿过两圈。

04 取马尾的一束发片，由下向上做卷筒状。

05 继续将马尾剩余的发片做成卷筒，收起并固定。

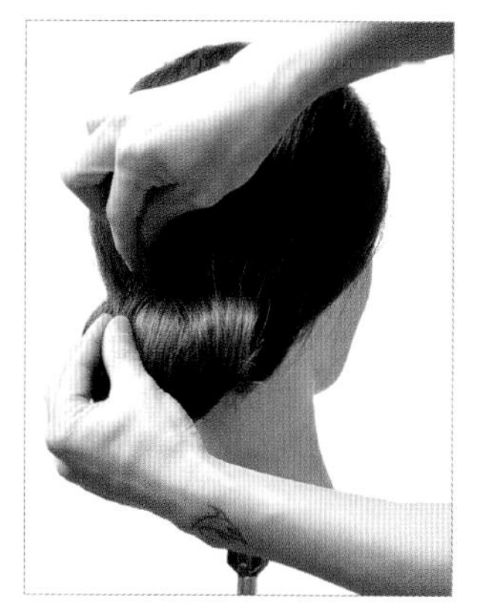

06 将左右卷筒衔接固定。

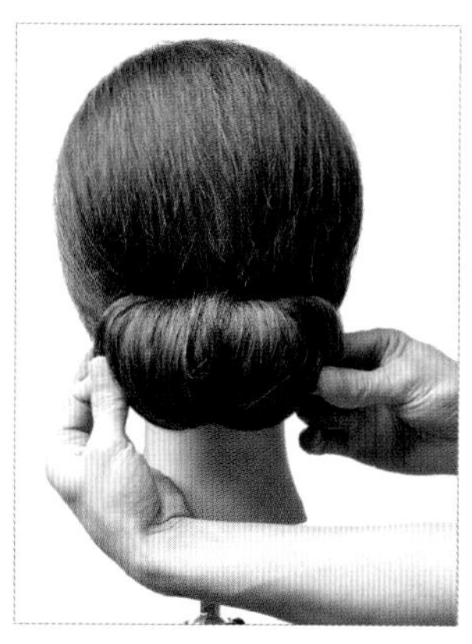

07 将卷筒向左右两侧提拉并固定，使卷筒的轮廓更加圆润饱满。

08 佩戴头饰，点缀发型。

09 用束马尾的手法打造的发型完成图左侧。

10 用束马尾的手法打造的发型完成图后面。

11 用束马尾的手法打造的发型完成图正面。

12 用束马尾的手法打造的发型完成图右侧。

打毛

基本操作方式

01 将所有的头发束马尾，然后从马尾中取一束发片。

02 将发片向上提拉。

03 用尖尾梳将发片由发尾向发根打毛。

04 重复以上手法，将所有的头发打毛。

05 用打毛手法打造的发型效果图。

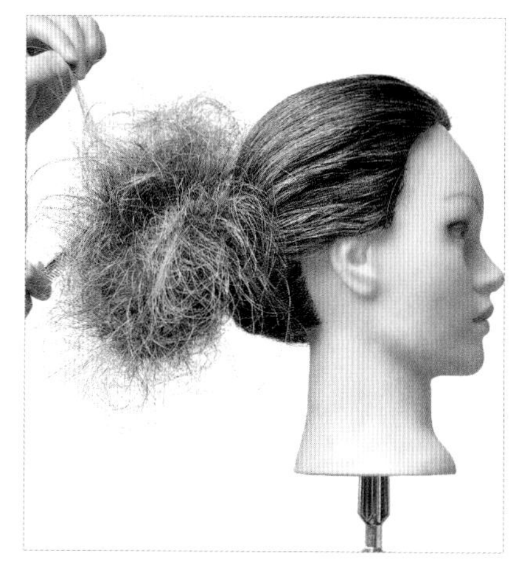
01 将所有头发的发尾打毛。

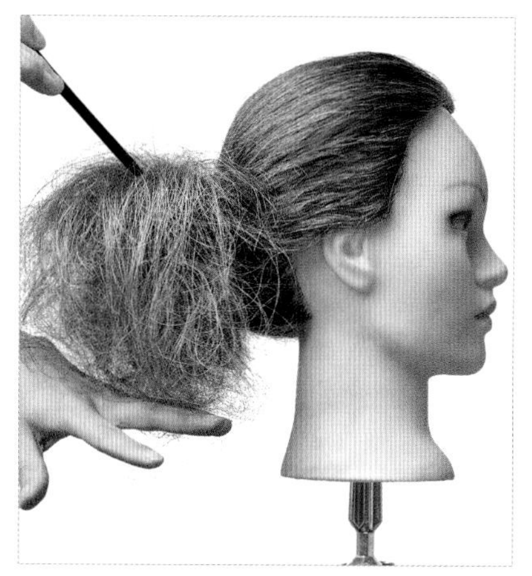
02 对打毛的头发调整轮廓和线条。

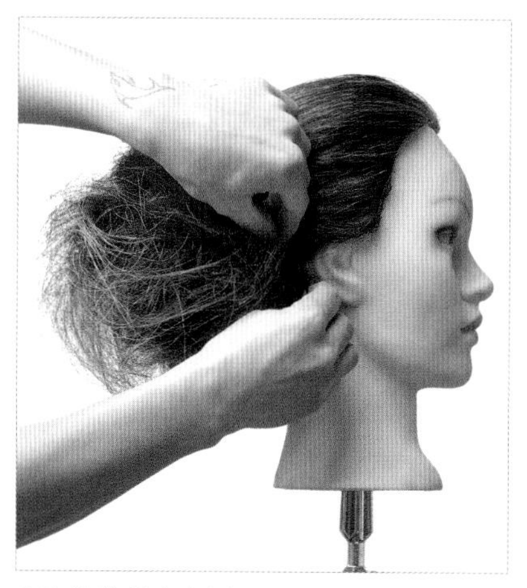
03 将发片向右侧耳后方提拉并固定。

04 喷发胶定型。

05 在前额的右侧佩戴头饰。

06 用打毛手法打造的发型完成图右前方。

07 用打毛手法打造的发型完成图右后方。

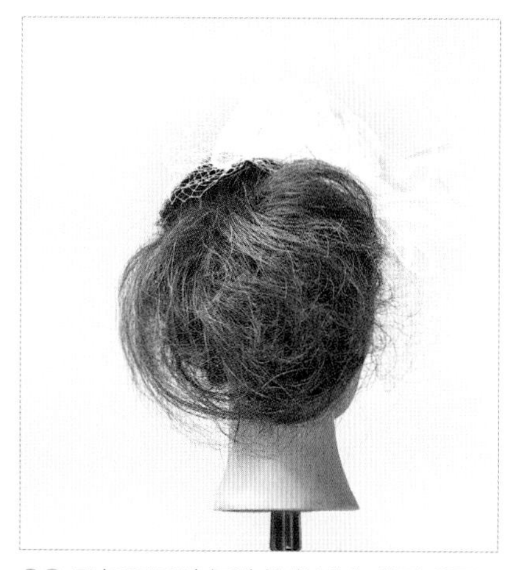
08 用打毛手法打造的发型完成图后面。

09 用打毛手法打造的发型完成图左侧。

三股编辫

基本操作方式

01 将头发束马尾后，把马尾分成三股均等的发片。

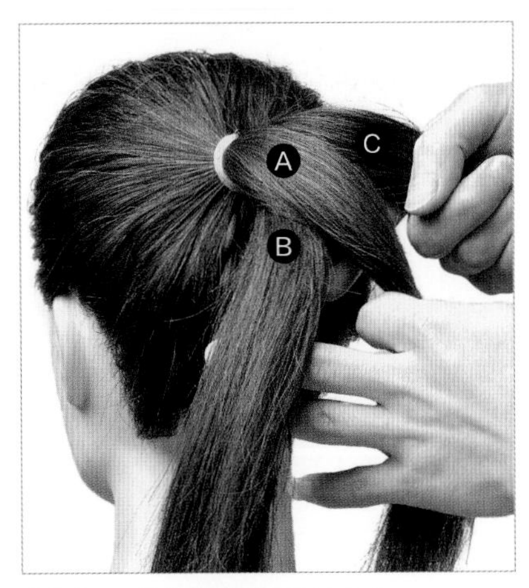

02 将 A 发片压在 B 发片之上。

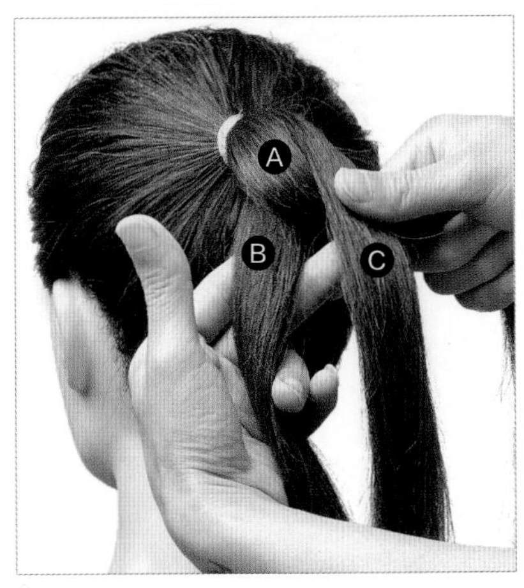

03 将 C 发片压在 A 发片之上。

04 继续重复上述手法编辫至发尾。

05 用三股编辫手法打造的发型完成图。

01 将头发分成左右两个发区。

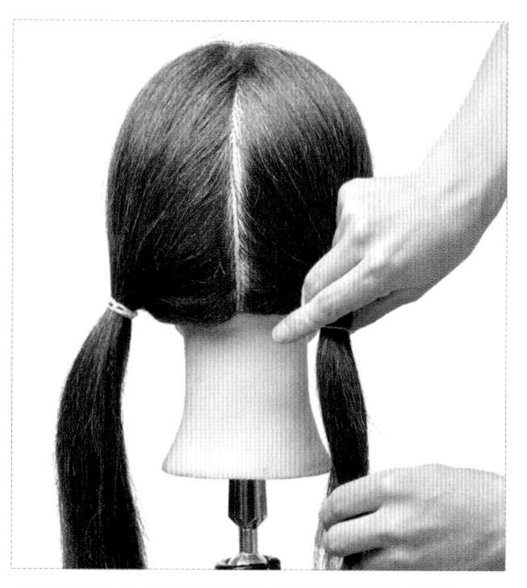

02 将左右发区的头发分别束低马尾。

03 将左右发片分别编三股编辫至发尾。

04 将右侧发辫对折，将其在后发区盘起并固定。

05 将左侧发辫对折，放在右侧发辫之上，将其固定。

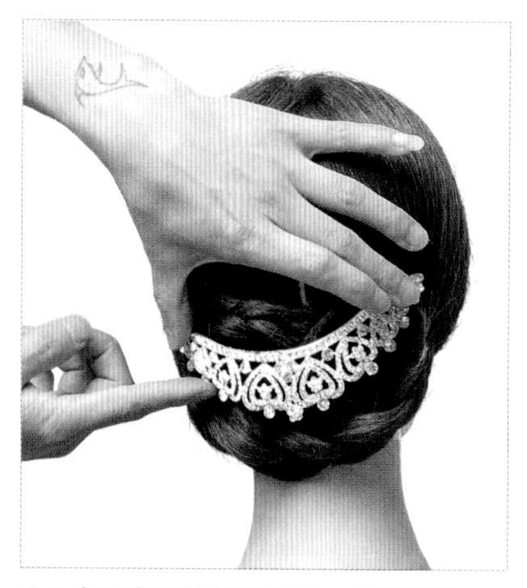

06 在后发髻处佩戴皇冠，点缀发型。

07 用三股编辫手法打造的发型完成图后面。

08 用三股编辫手法打造的发型完成图右侧。

09 用三股编辫手法打造的发型完成图正侧面。

三股单边续发编辫

基本操作方式

01 取一束发片，将其分为 A、B、C 三股均等的发片。

02 将 A 发片压在 B 发片之上。

03 将 C 发片压在 A 发片之上，并在内侧取一束新发片，使其与 C 发片合并。

04 继续重复上述手法编辫至发尾。

05 用三股单边续发编辫手法打造的发型完成图。

01 将刘海进行三股单边续发编辫处理，直至发尾处结束。

02 在右侧取三股均等的发片。

03 由右向左进行三股单边续发编辫处理至发尾。

04 将右侧编好的发辫向左侧耳后方提拉并固定。

05 将刘海发辫做发卷，提拉到左侧耳后方，与之前固定的发辫衔接并固定。

06 佩戴头饰，点缀发型。

07 用三股单边续发编辫手法打造的发型完成图正面。

08 用三股单边续发编辫手法打造的发型完成图后面。

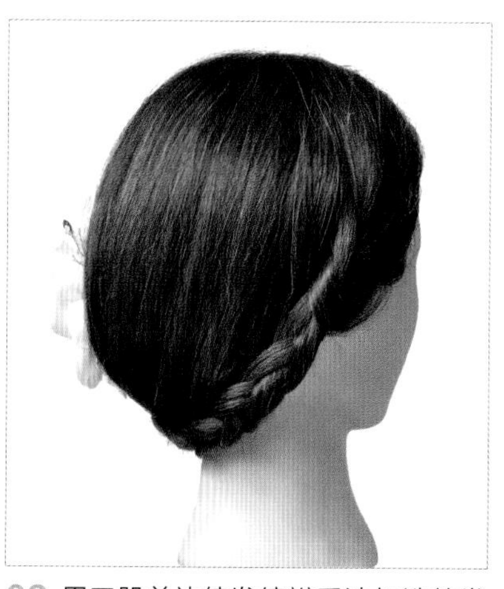

09 用三股单边续发编辫手法打造的发型完成图右侧。

瀑布编辫

基本操作方式

01 用气垫梳将所有的头发梳理干净。

02 在右侧取两束均等的发片。

03 将两股发片交叉拧转一圈。

04 在拧绳头发的上方取一束新发片。

05 将所取的发片穿插在两股拧绳之间，将拧绳的头发拧转一圈。

06 继续取一束新发片，进行同样的操作。

07 继续处理第三束新发片。

08 用相同的手法操作至左侧。

09 用瀑布编辫手法打造的发型完成图。

01 取左侧的一束发片，将其分为均等的两个发片。

02 将两个发片交叉拧转一圈。

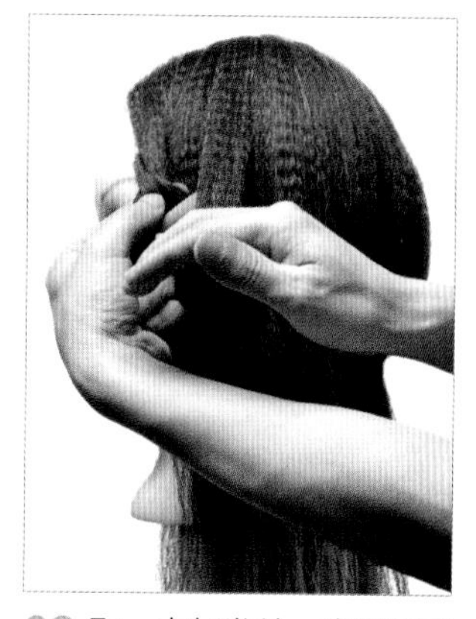

03 取一束新发片，穿插在两股拧绳发片之间。

04 将两股拧绳交叉拧转一圈。

05 以相同的手法操作至后发区枕骨处。

06 对右侧区用相同的手法进行操作。

07 取大号电卷棒，将发尾的头发外翻烫卷。

08 整理发尾的发丝的纹理与线条。

09 佩戴头饰，点缀发型。

10 用瀑布编辫手法打造的发型完成图正侧面。

11 用瀑布编辫手法打造的发型完成图后面。

12 用瀑布编辫手法打造的发型完成图右侧。

两股拧绳

基本操作方式

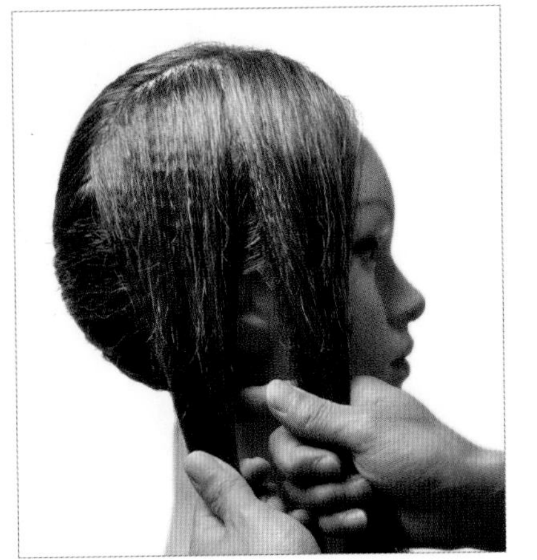

01 取两束均等的发片。

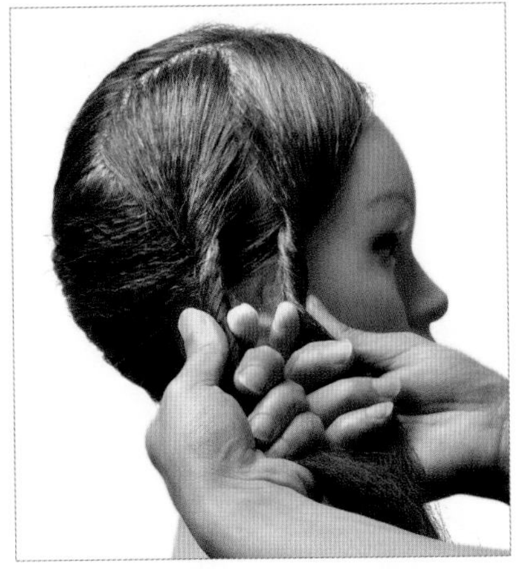

02 将两束发片向左右两个方向拧转。

03 将拧转的发片左右交叉。

04 交叉后，将两束发片拧转至发尾。

05 将两束拧绳交叉拧转至发尾，用皮筋固定。

06 用两股拧绳手法打造的发型完成图。

01 将所有头发分为后发区及刘海区。

02 将前额处的刘海分为两束均等的发片，做两股拧绳处理。

03 将剩余的刘海分出均等的发片，进行两股续入拧绳处理。

04 拧绳至发尾处。

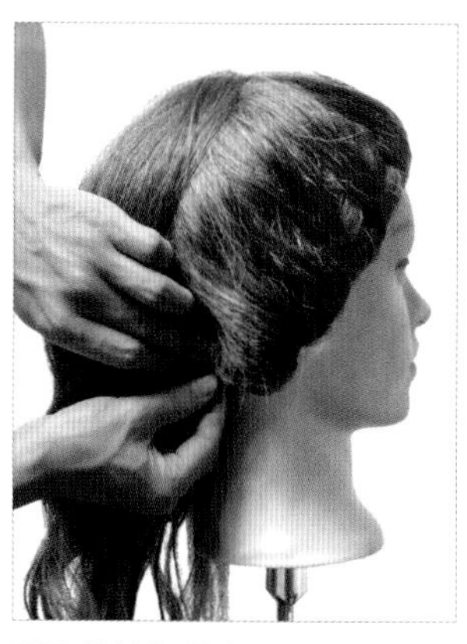

05 将拧绳的发尾向内拧转并固定在右侧耳后方。

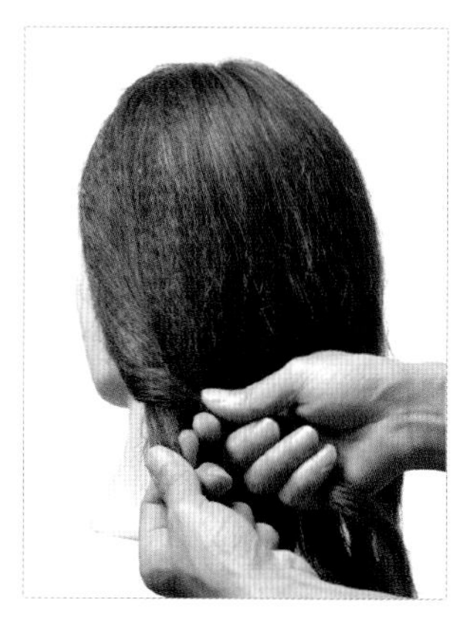

06 取左侧的头发，进行两股拧绳处理。

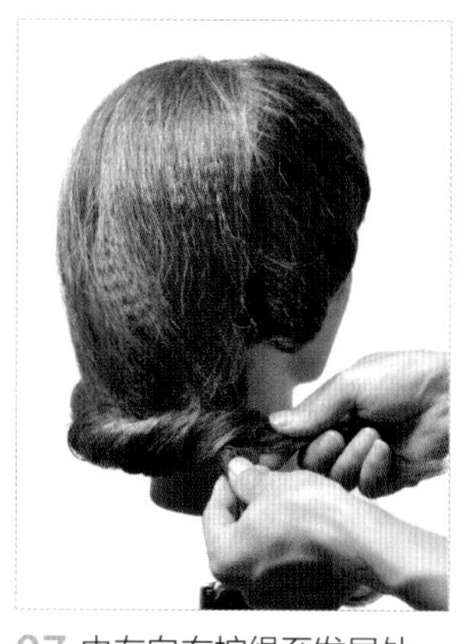

07 由左向右拧绳至发尾处。

08 将上一步的拧绳与刘海的发尾拧绳，衔接后固定。

09 佩戴头饰，点缀发型。

10 用两股拧绳手法打造的发型完成图正面。

11 用两股拧绳手法打造的发型完成图左后侧。

12 用两股拧绳手法打造的发型完成图右侧。

四股编辫

基本操作方式

01 将右发区的头发分为均等的四股发片。

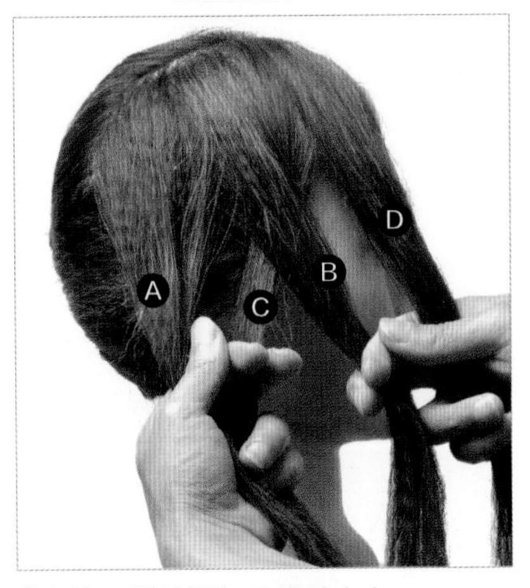

02 将 B 发片压在 C 发片之上。

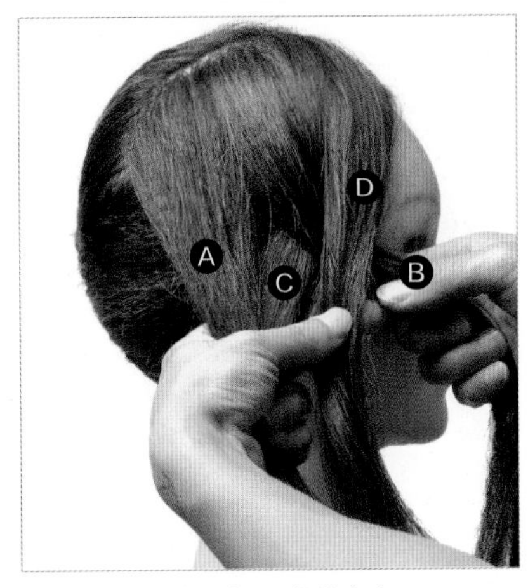

03 将 D 发片压在 B 发片之上。

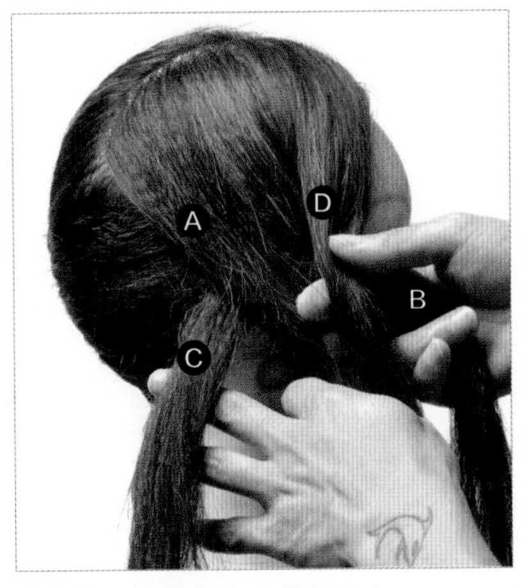

04 将 A 发片压在 C 发片之上。

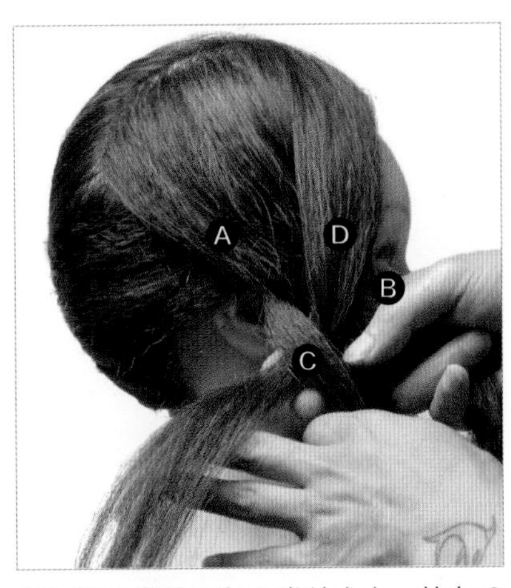

05 将 D 发片压在 A 发片之上，放在 C 发片之下。

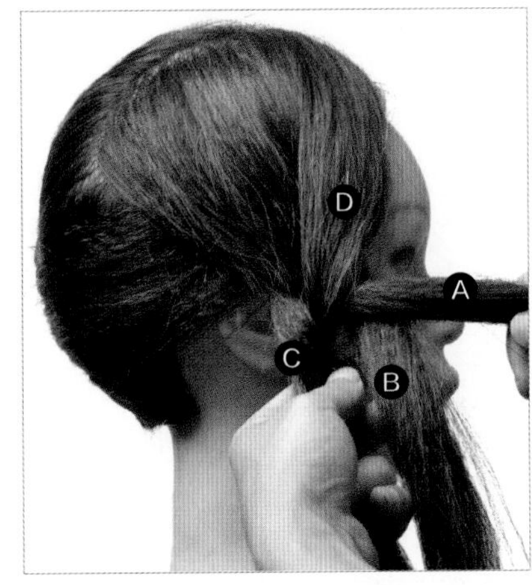

06 将 B 发片放在 A 发片之下后，再将 B 发片压在 C 发片之上。

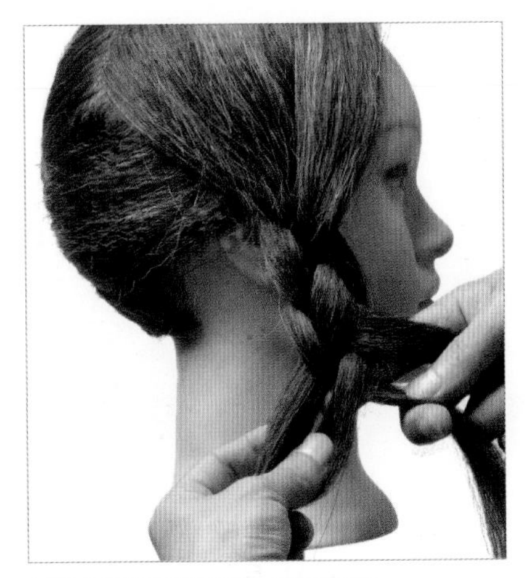

07 用相同的手法操作至发尾。

08 用四股编辫手法打造的发型效果图。

01 将刘海以四股编辫的手法开头。

02 取刘海内侧的发片，均匀地将发片续入四股编辫中。

03 续入发片的发量要均匀。

04 编至后发区颈部靠中间的位置，将发辫用皮筋固定。

05 将右侧的发辫固定后，用相同的手法对左侧的发片进行操作。

06 注意发辫的粗细要均等。

07 将发尾固定在后发区，左右衔接要自然。

08 佩戴头饰，点缀发型。

09 用四股编辫手法打造的发型完成图正面。

10 用四股编辫手法打造的发型完成图左侧。

11 用四股编辫手法打造的发型完成图右侧。

12 用四股编辫手法打造的发型完成图后面。

蝎子编辫

基本操作方式

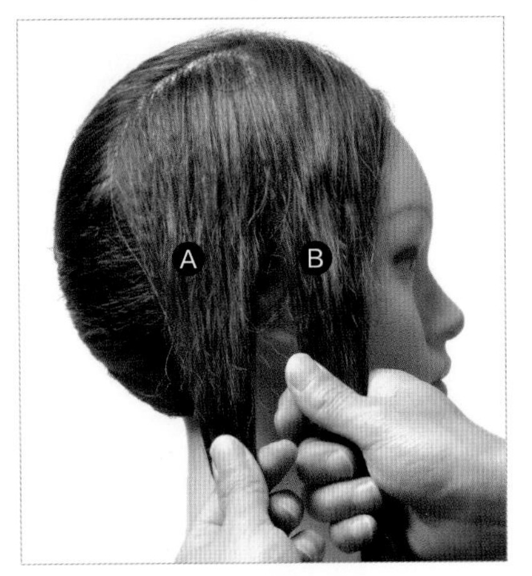

01 取 A、B 两束均等的发片。

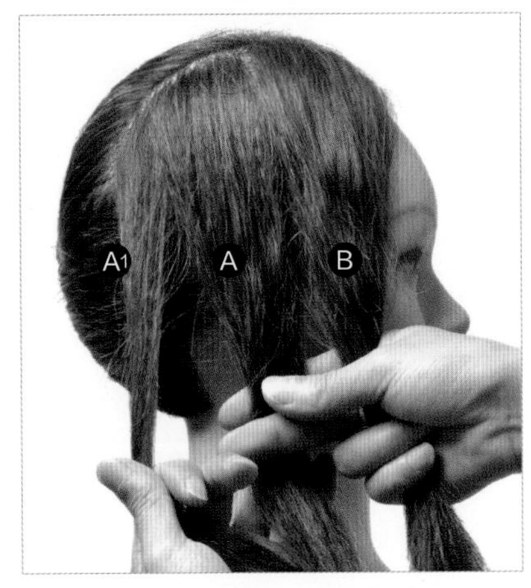

02 在 A 发片旁边取一束新发片 A_1。

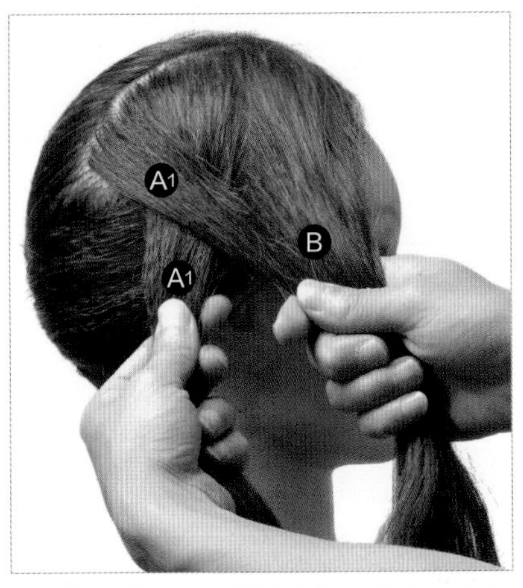

03 将新发片 A_1 压在 A 发片之上，并与 B 发片合并。

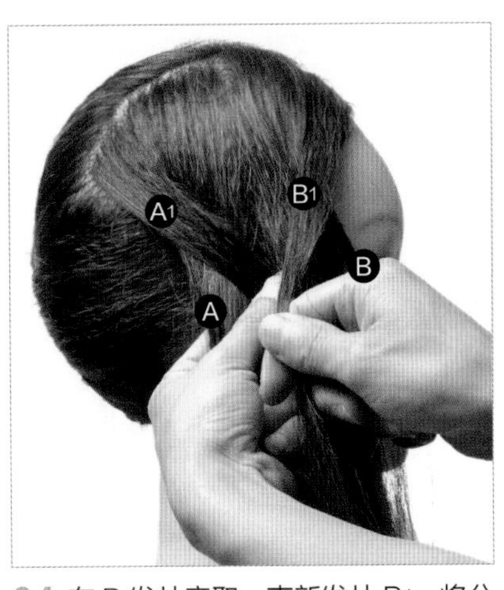

04 在 B 发片旁取一束新发片 B_1，将分出的新发片 B_1 压在 B 发片之上，并与 A 发片合并。

05 交叉合并后的效果图。

06 继续用相同的手法编辫。

07 编至发尾，用皮筋固定。

08 用蝎子编辫手法打造的发型效果图。

01 将头发分为左右两个发区。将左侧区的头发进行蝎子编辫处理。

02 拉扯发辫边缘，使发辫的纹理轮廓更加清晰饱满。

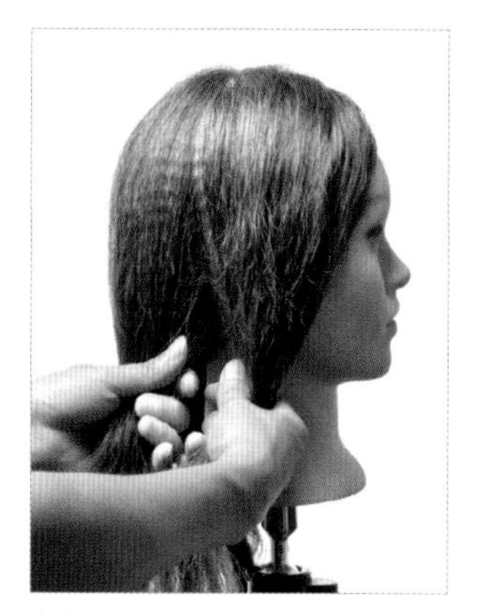
03 取右侧的头发，分出均等的两股发片。

04 进行蝎子编辫至发尾。

05 拉扯发辫边缘。

06 将右侧的发辫由右向左做手打卷，收起并固定在后发区。

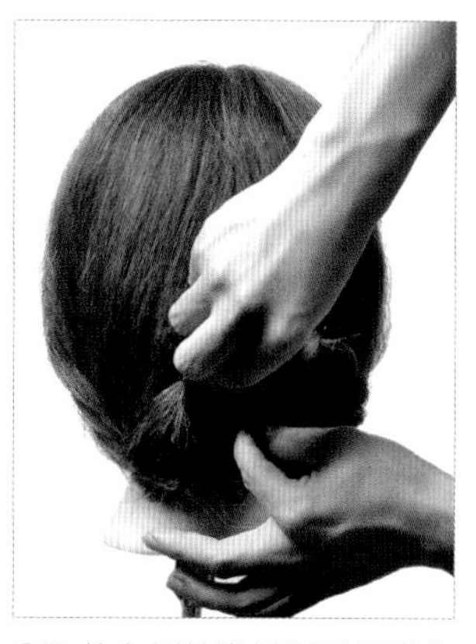
07 将左侧的发辫做手打卷收起，与右侧的发辫衔接并固定。

08 调整前额左右两侧的发片轮廓。

09 在前额处佩戴头饰，点缀发型。

10 用蝎子编辫手法打造的发型完成图正面。

11 用蝎子编辫手法打造的发型完成图右侧。

12 用蝎子编辫手法打造的发型完成图左侧。

千股编辫

基本操作方式

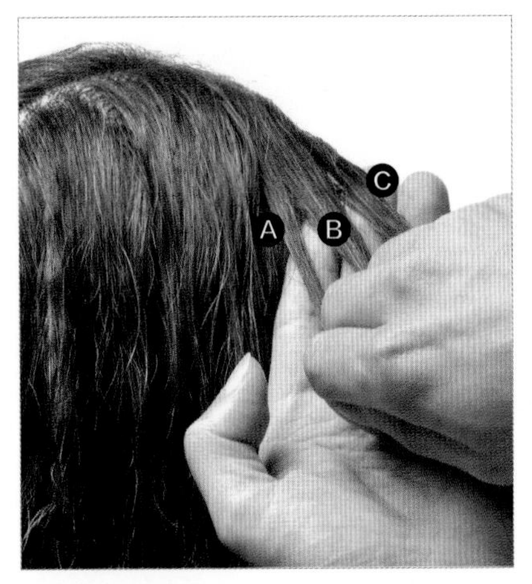

01 将头发分为A、B、C三股均等的发片。

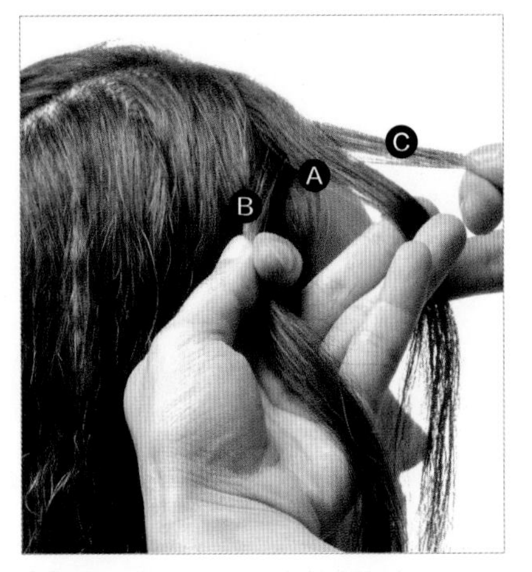

02 将 A 发片压在 B 发片之上。

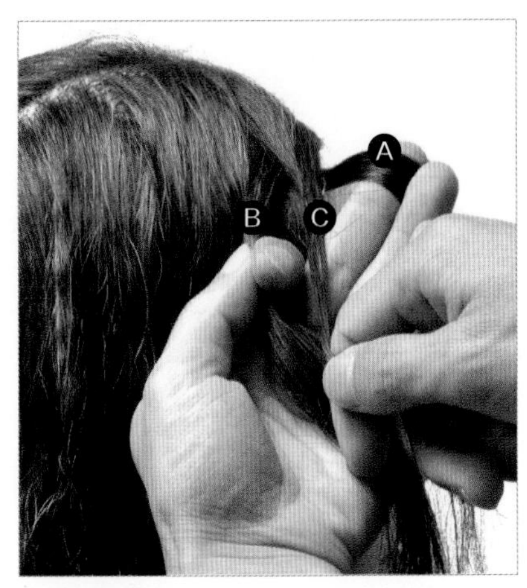

03 将 C 发片压在 A 发片之上。

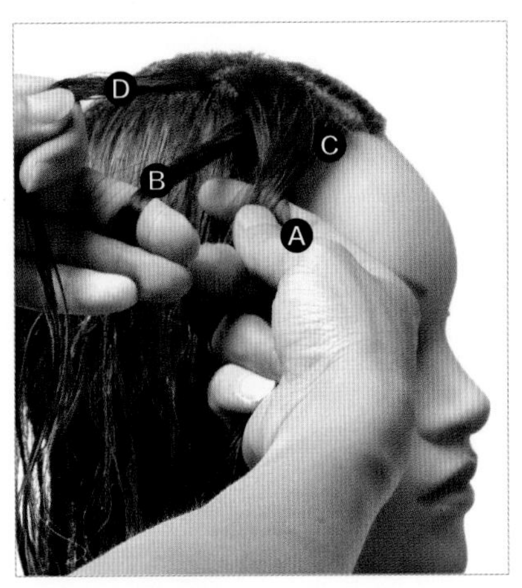

04 在刘海内侧取一束新发片 D，然后将其放在 B 发片之下，C 发片之上。

05 取刘海外侧的一束新发片 E，与其他发片以一上一下的方式编织。

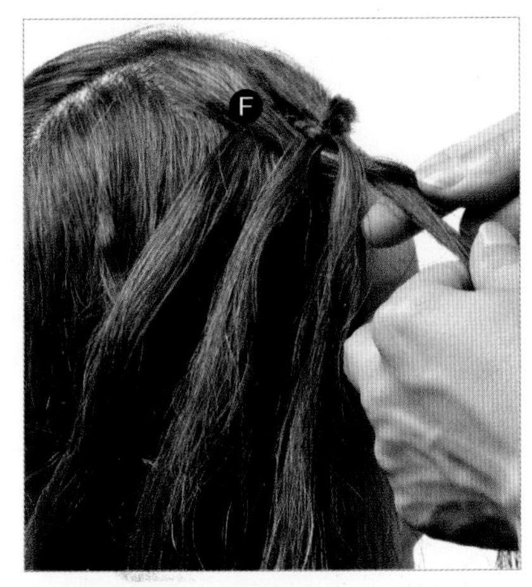

06 取内侧的一束新发片 F，继续用相同的手法一上一下地交叉编织。

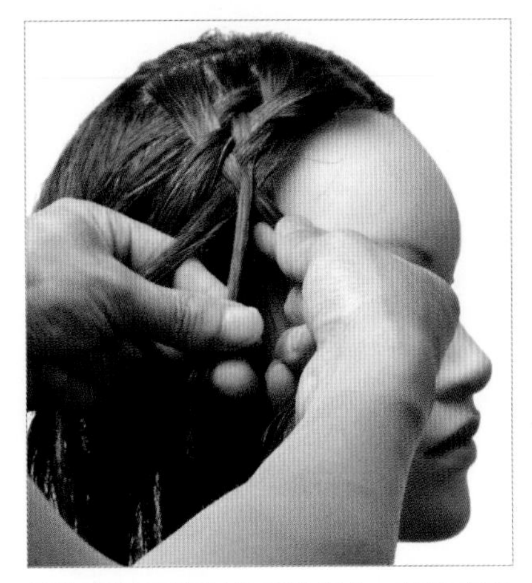

07 继续用相同的手法操作，注意在发片提拉续入时要紧致。

08 编至发尾，用皮筋固定。

09 用千股编辫手法打造的发型效果图。

01 取右侧刘海区的头发，进行千股编辫操作。

02 将其编至发尾。

03 将编好的发辫的发尾向内拧转，将其固定在右侧耳后。

04 将后发区的头发向右侧提拉，对其卷筒并拧转后，固定在后发区的右侧。

05 将左侧的头发向后与后发区的卷筒衔接，并将其固定。

06 佩戴头饰，点缀发型。

07 用千股编辫手法打造的发型完成图右后侧。

08 用千股编辫手法打造的发型完成图右侧。

09 用千股编辫手法打造的发型完成图后面。

蝴蝶结编辫

基本操作方式

01 沿着顶区发辫的边缘分出一束薄发片备用。

02 在薄发片右侧分出均等的三股发片。

03 进行三股续发编辫至发尾，用卡子固定发尾。

04 将前面预留的发片梳理干净。

05 分出一小束发片，将U形卡穿过发辫，将发片对折穿入U形卡。

06 用U形卡将发片穿过发辫，使发片呈8字形。

07 将多出的发尾与第二束新的发片合并后，继续以同样的手法操作，打造第二个蝴蝶结。

08 用相同的手法操作至发尾。

09 用蝴蝶结编辫手法打造的发型效果图。

01 预留一束发片，对刘海进行三股单边续发编辫。

02 从预留的发片中分出一束，用 U 形卡进行蝴蝶结编辫。

03 用相同的手法操作至发尾，将发尾用皮筋固定。

04 在左侧区取一束发片，将其向枕骨处提拉，拧转并固定。

05 继续用相同的手法将左侧后发区的头发拧转并固定。

06 将发尾向上提拉，拧转后固定。

07 将刘海的发辫做手打卷，与后发区的发卷衔接并固定。

08 在交接处佩戴头饰，点缀发型。

09 用蝴蝶结编辫手法打造的发型完成图右侧。

10 用蝴蝶结编辫手法打造的发型完成图正面。

11 用蝴蝶结编辫手法打造的发型完成图后面。

12 用蝴蝶结编辫手法打造的发型完成图左侧。

单包

基本操作方式

01 将所有头发向右侧梳理干净。

02 以尖尾梳尾端为轴心将所有头发盘起。

03 用卡子固定盘起的头发。

04 用尖尾梳尾端将边缘的头发向内续入并收起。

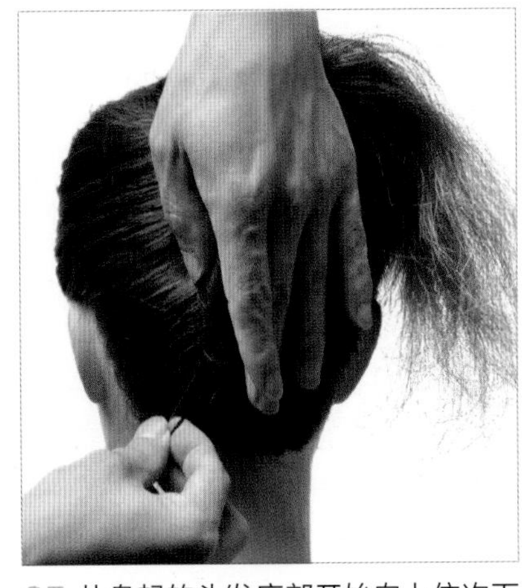

05 从盘起的头发底部开始向上依次下暗卡固定。

06 用卡子以十字交叉的方式将头发固定。

07 将发尾的头发在顶区做发卷，收起并固定。

08 用单包手法打造的发型效果图。

01 将后发区的头发向右侧梳理干净。

02 将其向上提拉，做单包，盘起并固定。

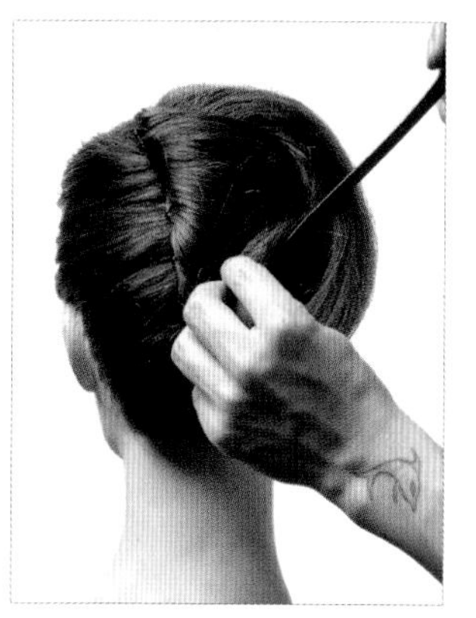
03 将发尾向右提拉，将其做发卷，固定在后发区的右侧。

04 将刘海区顶部头发的根部打毛，然后向后拧转。

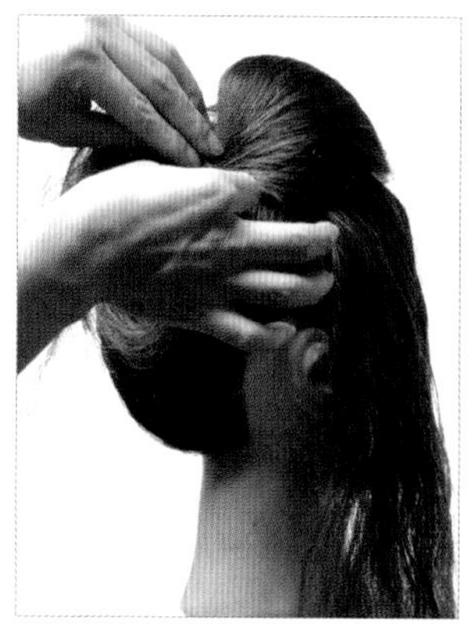
05 将拧转的头发下卡子固定。

06 将刘海的发尾做手打卷，盘起并固定。

07 将剩余的刘海向后提拉，拧转并固定。

08 将剩余刘海的发尾做手打卷，盘起并固定。

09 佩戴头饰，点缀发型。

10 用单包手法打造的发型完成图正面。

11 用单包手法打造的发型完成图左侧。

12 用单包手法打造的发型完成图后面。

双包

基本操作方式

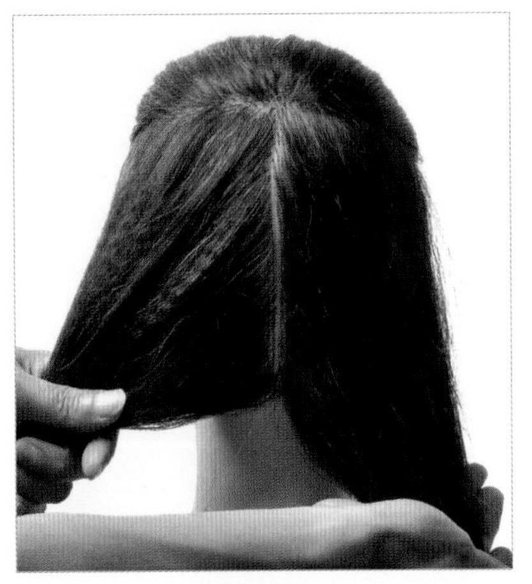

01 将后发区的头发分出左右两个均等的发区。

02 将左侧头发打毛。

03 将打毛的头发向右侧提拉，并梳理干净。

04 以尖尾梳为轴心，向上提拉，拧包并收起。

05 下卡子固定发包。

06 将右侧的头发打毛。

07 以尖尾梳为轴心，向上提拉，拧包，收起并固定。

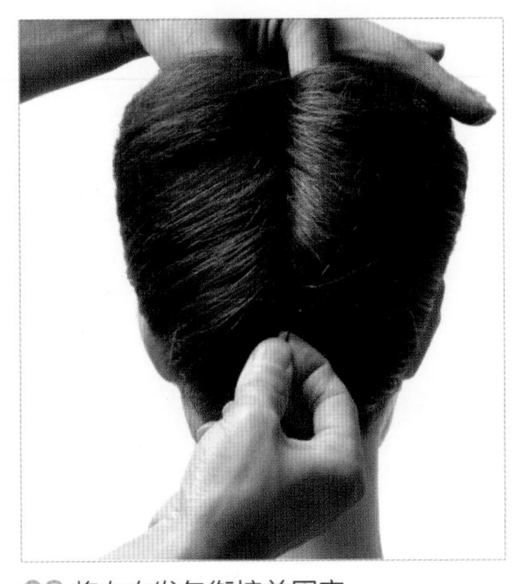

08 将左右发包衔接并固定。

09 用双包手法打造的发型效果图。

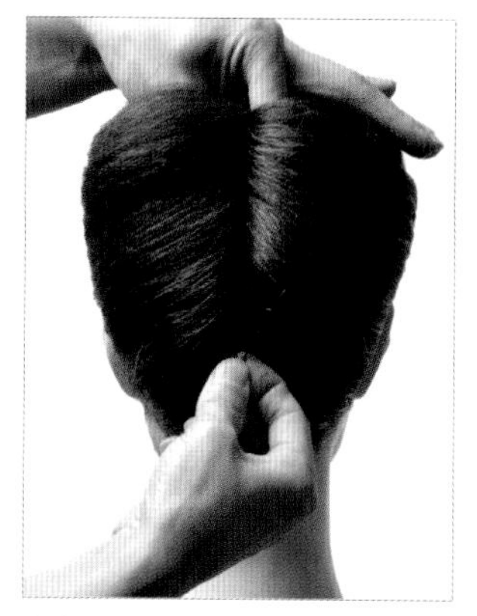

01 将后发区的头发做双包盘起并固定。

02 将左侧区的头发打毛后，将其表面的头发梳理干净。

03 将梳理好的头发向顶区的右侧提拉并固定。

04 将右侧区的头发打毛，将其表面梳理干净。

05 将其向顶区后侧提拉并固定，发尾做发卷处理。

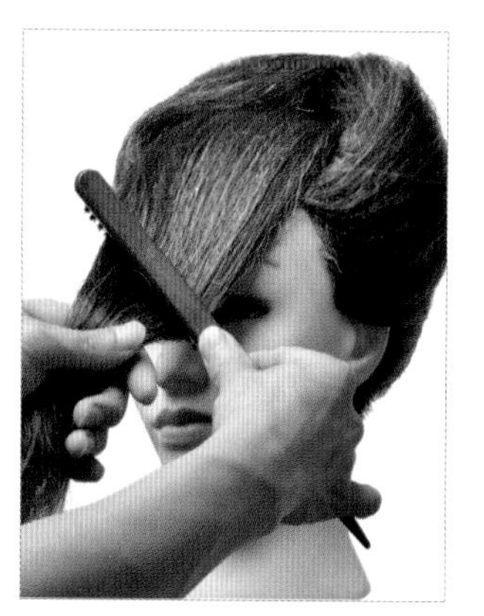

06 将刘海区的头发向前提拉，并将根部打毛。

07 将打毛后的头发向后拧包并固定。

08 将发尾做手打卷，收起并固定。

09 在顶区佩戴皇冠，以点缀发型。

10 用双包手法打造的发型完成图正面。

11 用双包手法打造的发型完成图左侧。

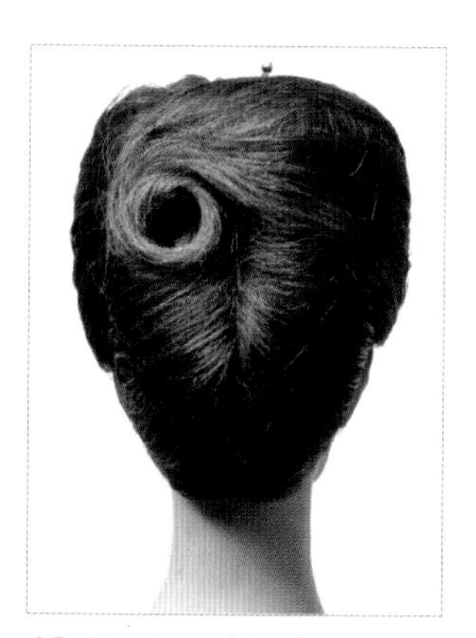

12 用双包手法打造的发型完成图后面。

交叉包

基本操作方式

01 将后发区的头发竖向分出发片并打毛。

02 将所有的头发进行打毛处理。

03 将打毛的头发向右侧梳理干净。

04 用卡子以竖向的方式将发包固定。

05 将右侧的头发向左侧提拉，将其表面梳理干净。

06 将梳理好的头发向左侧提拉并固定。

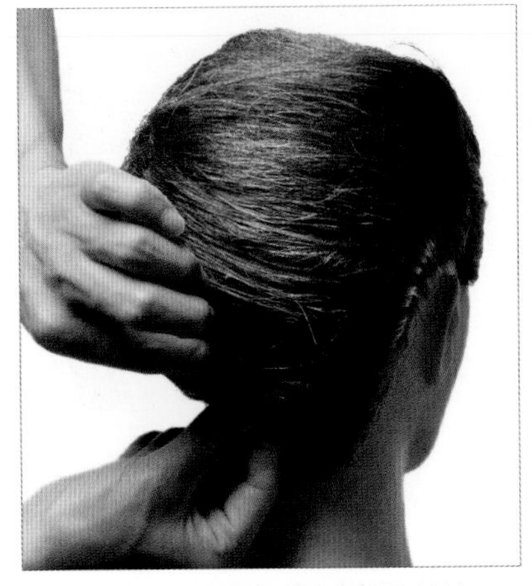

07 下暗卡，固定左右头发的衔接处。

08 用交叉包手法打造的发型效果图。

01 将后发区的头发打毛，将其向右侧梳理光洁并固定。

02 将右侧的头发向左侧提拉并固定，进行交叉包处理并将头发盘起。

03 将顶区所有的头发的根部做打毛处理。

04 将打毛好的头发向后梳理干净。

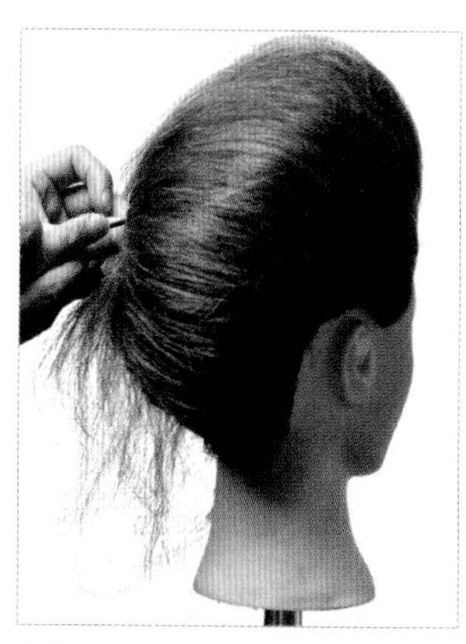

05 将发包与后发区交叉的发包衔接并固定。

06 拧转左侧的发尾。

07 下卡子将发尾固定好。

08 佩戴头饰，点缀发型。

09 用交叉包手法打造的发型完成图左侧。

10 用交叉包手法打造的发型完成图正面。

11 用交叉包手法打造的发型完成图左后侧。

12 用交叉包手法打造的发型完成图右侧。

拧包

基本操作方式

01 将后发区的头发打毛。

02 将打毛的头发表面梳理干净。

03 将后发区所有的头发向上垂直提拉。

04 将发尾拧转。

05 用卡子固定拧包。

06 将发尾向后梳理干净。

07 将梳理干净的发尾拧转并固定。

08 用拧包手法打造的发型效果图。

01 将后发区的头发做拧包，盘起并固定。

02 将刘海进行打毛处理。

03 将打毛的头发向左侧梳理干净。

04 用卡子固定头发。

05 将发尾向左侧拧转并固定。

06 佩戴头饰，点缀发型。

07 用拧包手法打造的发型完成图右侧。

08 用拧包手法打造的发型完成图后面。

09 用拧包手法打造的发型完成图左侧。

卷筒

基本操作方式

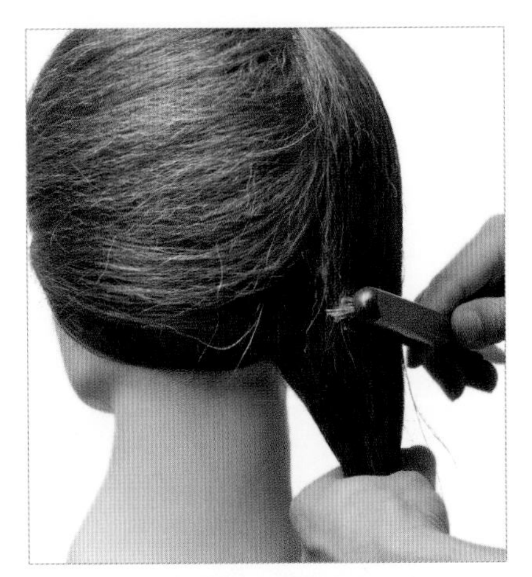

01 竖向分出发区，将其梳理干净。

02 将梳理干净的头发横向分出一束发片，向上提拉，并将其梳理干净。

03 以手指为轴心，将发片做卷筒盘起。

04 卷筒处理完后，横向下卡子固定。

05 用相同的手法打造第二个卷筒。

06 用相同的手法打造第三个卷筒，卷筒要光洁而圆润。

07 用卷筒手法打造的发型效果图。

01 将头发分为刘海区、顶区及后发区。

02 对顶区头发的根部做打毛处理。

03 对顶区的头发做拧包并固定好。

04 取后发区的一束发片，将其做卷筒，盘起并固定。

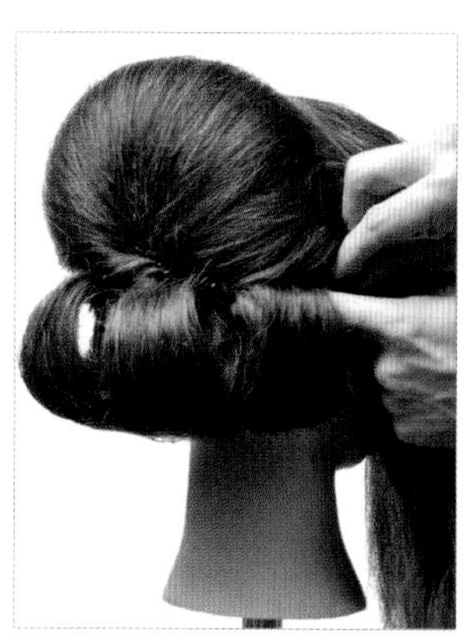

05 将后发区的头发由左向右依次做卷筒，收起并固定。

06 将刘海向右侧梳理干净。

07 将梳理好的头发做卷筒，使其与后发区右侧的卷筒衔接并固定。

08 在顶区佩戴皇冠，以点缀发型。

09 用卷筒手法打造的发型完成图后面。

10 用卷筒手法打造的发型完成图右侧。

11 用卷筒手法打造的发型完成图正面。

12 用卷筒手法打造的发型完成图左侧。

手打卷

基本操作方式

01 取一束发片，将其梳理干净。

02 从发尾开始以手指为轴心进行缠绕。

03 抽出手指，使其形成圆润的发卷轮廓。

04 将发卷固定。

05 用相同的手法打造第二个手打卷。

06 用相同的手法打造第三个手打卷。

07 用手打卷手法打造的发型效果图。

01 将头发分为刘海区、后发区及右侧区。

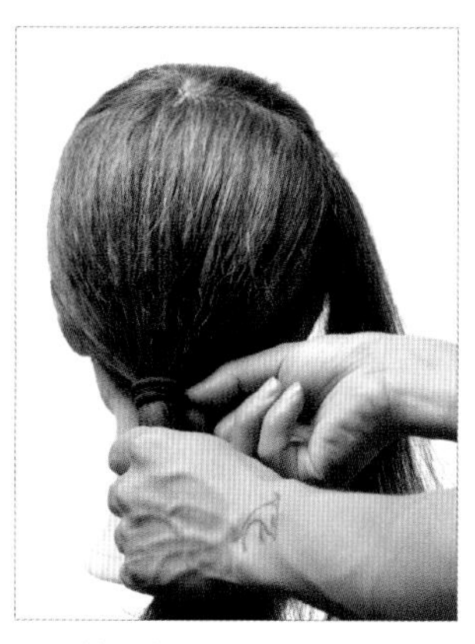

02 将后发区的头发扎低马尾。

03 将马尾的发尾做卷筒盘起。

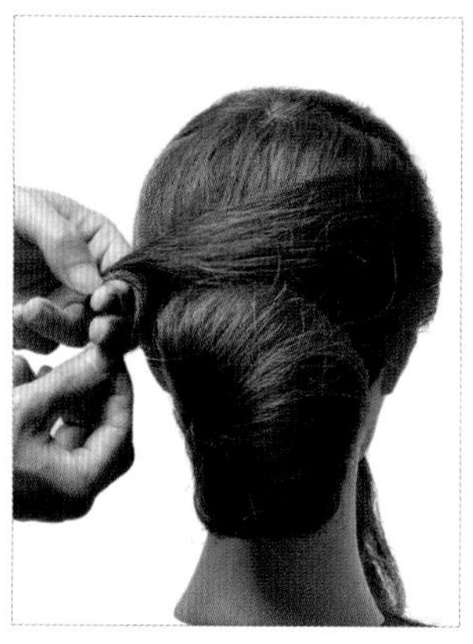

04 取右侧区的头发，向左侧提拉，做手打卷并固定。

05 将刘海区的头发分成均等的三股发片。

06 将第一束发片向后提拉，做手打卷，与后发区发卷衔接并固定。

07 将第二束头发向后提拉，与第一个手打卷排列并固定。

08 将剩余的发片做手打卷并固定。

09 佩戴头饰，点缀发型。

10 用手打卷手法打造的发型完成图右侧。

11 用手打卷手法打造的发型完成图右后侧。

12 用手打卷手法打造的发型完成图左后侧。

拧绳

基本操作方式

01 横向取出一束发片，将其梳理干净。

02 将发片向后提拉，做拧绳处理。

03 将拧绳的头发向后提拉并固定。

04 继续用相同的手法打造第二个拧绳。

05 继续用相同的手法打造第三、第四个拧绳。

06 将发尾做拧绳处理后，做手打卷并固定。

07 用拧绳手法打造的发型效果图。

01 取顶区的头发，横向分出发片，将其拧绳并固定。

02 取顶区左侧的一束发片，将其拧绳并固定。

03 将左侧的头发向枕骨上方提拉，将其拧绳并固定。

04 将右侧的头发以同样的手法进行操作。

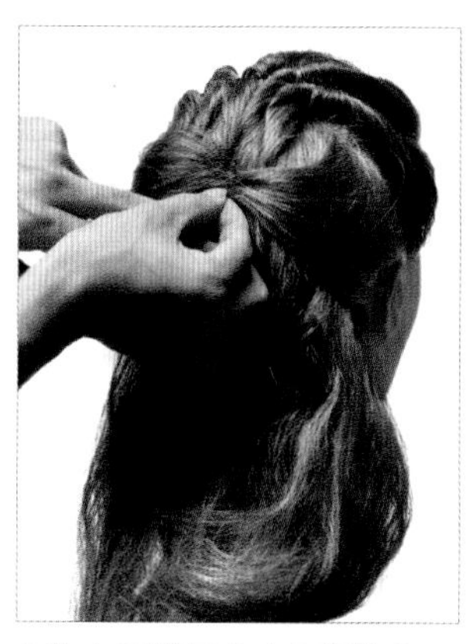

05 在后发区左右两侧各取一束发片，将其拧转后固定。

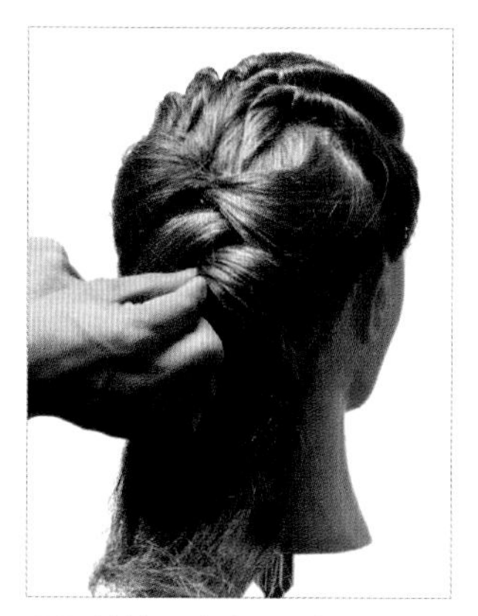

06 继续取左右两侧的发片，拧转后固定。

07 将剩余的头发做卷筒，收起并固定。

08 佩戴头饰，点缀发型。

09 用拧绳手法打造的发型完成图正面。

10 用拧绳手法打造的发型完成图左侧。

11 用拧绳手法打造的发型完成图后面。

12 用拧绳手法打造的发型完成图右后侧。

手摆波纹

基本操作方式

01 分出刘海区的头发，并将其梳理干净。

02 将刘海分成 4 个均等的发片。

03 将第一束发片对折出圆润的弧度。

04 将对折后的头发固定在右耳的上方。

05 取第二束发片，以相同的手法对折后，叠加在第一束发片上，并将其固定。

06 将第三束发片叠加在第二束发片上，将其固定。

07 将第四束发片对折出圆润的弧度轮廓，叠加在第三束发片之上。

08 下卡子将其固定。

09 用手摆波纹手法打造的发型效果图。

01 将头发分出刘海区及后发区两个发区。

02 将刘海分出数个发片，依次叠加摆放出圆润的轮廓弧度。

03 继续将剩余的刘海对折，摆放出圆润的轮廓。

04 用卡子将刘海固定。

05 将刘海区手摆波纹多出的发尾做手打卷固定。

06 将后发区的头发由下向上做拧包，盘起并固定。

07 继续对后发区的头发用相同的手法进行操作。

08 发尾由外向内拧转收起后，将其固定。

09 佩戴头饰，点缀发型。

10 用手摆波纹手法打造的发型完成图正面。

11 用手摆波纹手法打造的发型完成图右侧。

12 用手摆波纹手法打造的发型完成图后面。

手推波纹

基本操作方式

01 将刘海梳理干净。

02 取一束发片，向前提拉，将其根部用鸭嘴夹固定。

03 用梳子将发片梳理干净后，再用梳子将发片向前推送出波纹轮廓。

04 用鸭嘴夹固定波纹。

05 将剩余的发片梳理干净。

06 用梳子将发片向后推送出波纹轮廓，用鸭嘴夹固定。

07 继续用相同的手法操作至发尾。

08 喷发胶定型，待发胶干后，取下鸭嘴夹。

09 用手推波纹手法打造的发型效果图。

01 将刘海梳理干净。

02 将刘海以一前一后推送的手法进行手推波纹处理。

03 操作至发尾后，喷发胶将刘海定型。

04 取左侧区一束头发，将其向枕骨处提拉，拧转并固定。

05 取后发区左侧的一束发片，向右侧提拉，拧转并固定。

06 将剩余的头发做卷筒并将其收起。

07 用卡子固定。

08 佩戴头饰，点缀发型。

09 用手推波纹手法打造的发型完成图正面。

10 用手推波纹手法打造的发型完成图左前侧。

11 用手推波纹手法打造的发型完成图后面。

12 用手推波纹手法打造的发型完成图右前侧。

手推花

基本操作方式

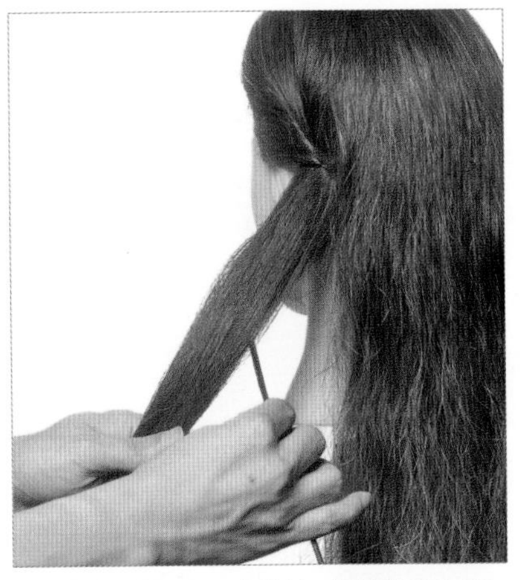

01 在左侧区取一束发片，将其梳理干净。

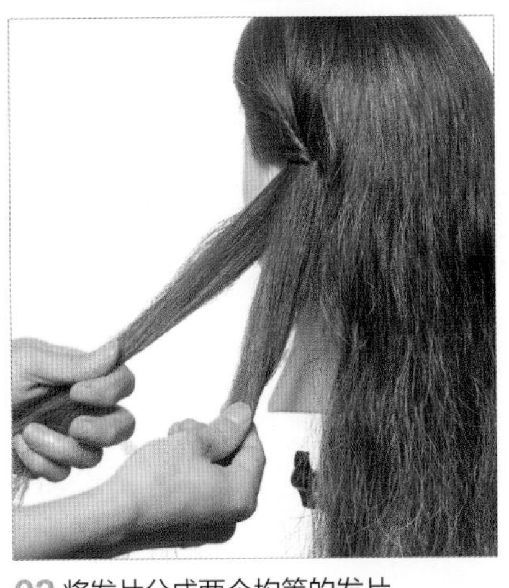

02 将发片分成两个均等的发片。

03 进行两股拧绳至发尾。

04 将拧绳边缘抽丝。

05 在尾端取中间一小束发丝。

06 拉住发丝，将拧绳中的头发向前推送。

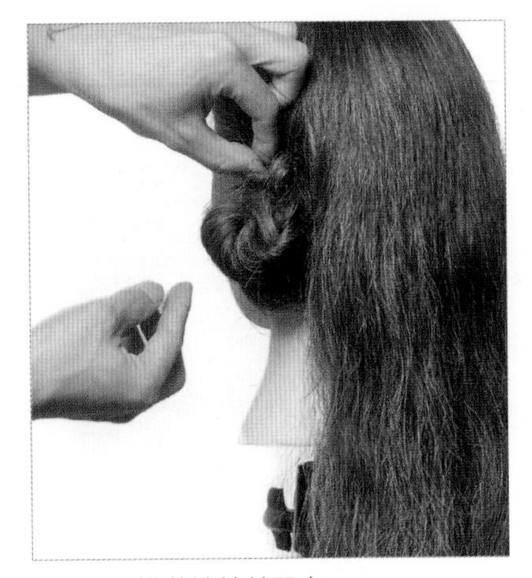

07 将手推花拧转并固定。

08 以同样的手法依次完成剩余发片的处理。

09 用手推花手法打造的发型效果图。

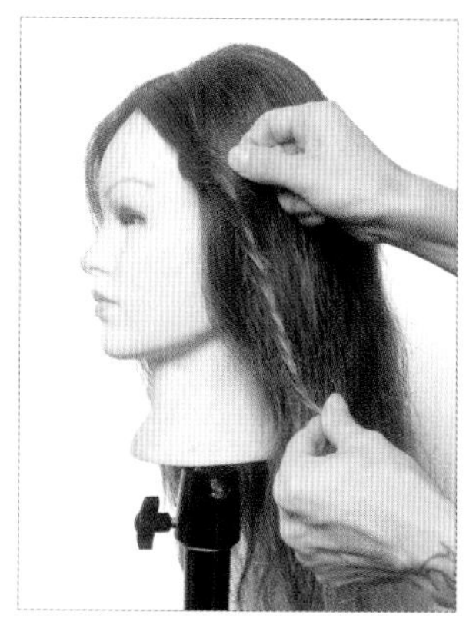

01 取左侧区的一束发片，进行两股拧绳，并对拧绳边缘抽丝。

02 在拧绳尾端取中间的一束发丝，拉住发丝将拧绳向前推送，拧转并固定在刘海区。

03 继续从左侧区取一束发片，进行手推花处理。

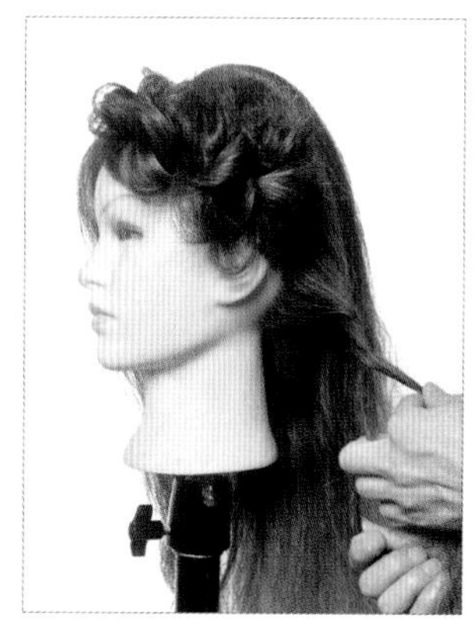

04 以相同的手法在左侧耳下方取一束发片，做手推花处理。

05 将后发区的一束发片进行两股拧绳后，做手推花处理。

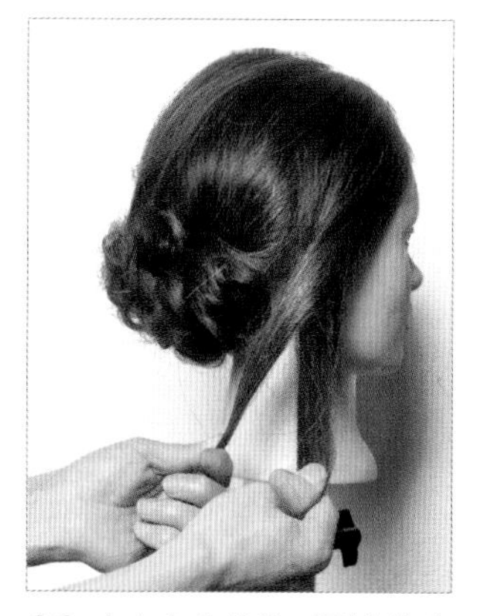

06 由左向右依次对剩余的头发进行手推花处理。

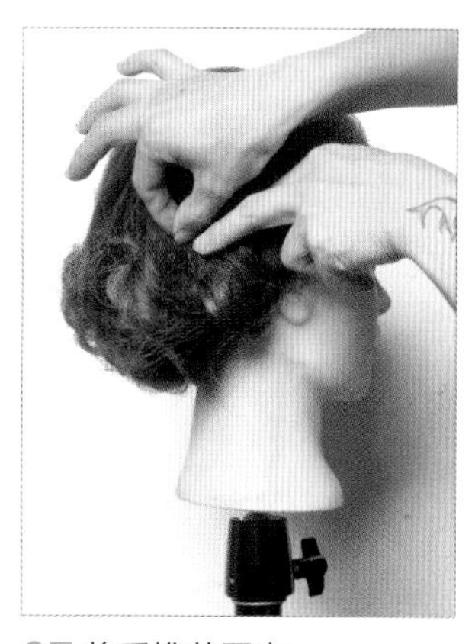

07 将手推花固定。

08 取U形卡，对手推花进行衔接并固定。佩戴头饰。

09 用手推花手法打造的发型完成图右侧。

10 用手推花手法打造的发型完成图后面。

11 用手推花手法打造的发型完成图左侧。

12 用手推花手法打造的发型完成图正面。

拧绳抽丝

基本操作方式

01 在左侧区取一束发片，将其梳理干净。

02 将其进行拧绳处理后，将边缘的头发进行抽丝处理。

03 继续拧绳，将边缘抽丝。

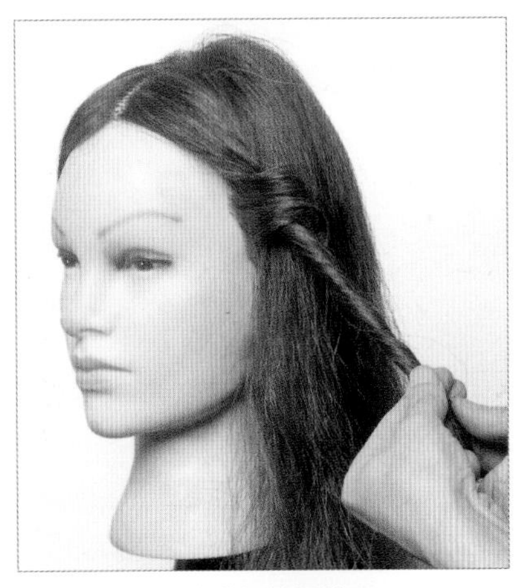

04 继续将发片进行拧绳处理。

05 将拧绳边缘进行抽丝处理。

06 将其向右侧提拉并固定。

07 在左侧区取一束新的发片。

08 继续拧绳抽丝，将剩余的头发用相同的手法进行操作。

09 用拧绳抽丝手法打造的发型效果图。

01 将顶区的头发在枕骨的下方固定。

02 取左侧区一束发片，进行拧绳抽丝处理。

03 将上一步中的拧绳固定在枕骨下方。

04 取右侧区一束发片，进行拧绳抽丝，固定在枕骨下方。

05 继续用相同的手法左右交替进行拧绳抽丝。

06 将左侧区头发拧绳后抽丝，然后将其向右侧提拉并固定。

07 将剩余的头发拧绳，抽丝并固定。

08 在顶区佩戴头饰，以点缀发型。

09 用拧绳抽丝手法打造的发型完成图后面。

10 用拧绳抽丝手法打造的发型完成图左后侧。

11 用拧绳抽丝手法打造的发型完成图右后侧。

12 用拧绳抽丝手法打造的发型完成图右前侧。

三股双向续发编辫

基本操作方式

01 取一束发片，将其梳理干净，分成均等的三束发片。

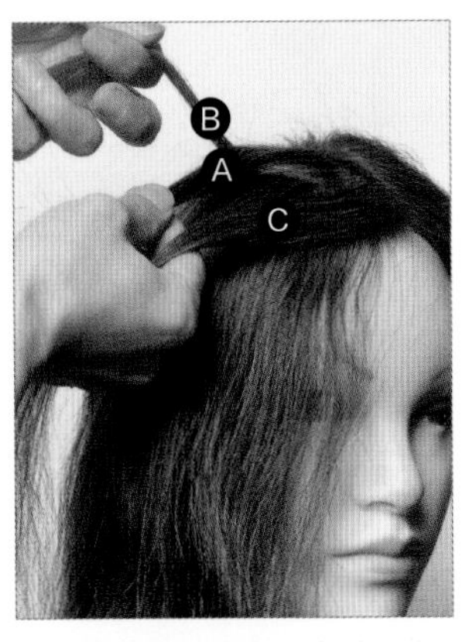

02 将A发片压在B发片之上。

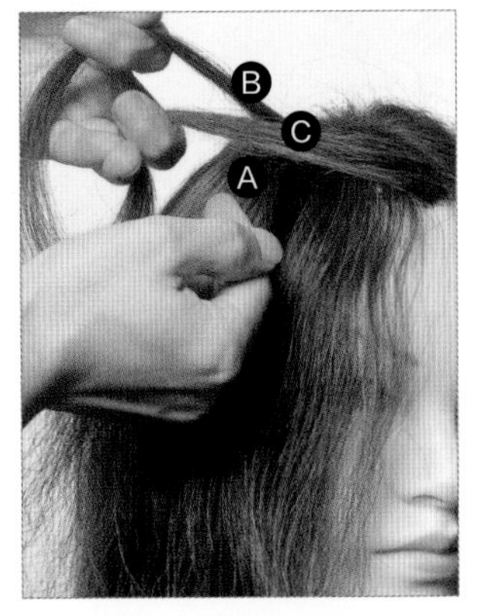

03 将C发片压在A发片之上。

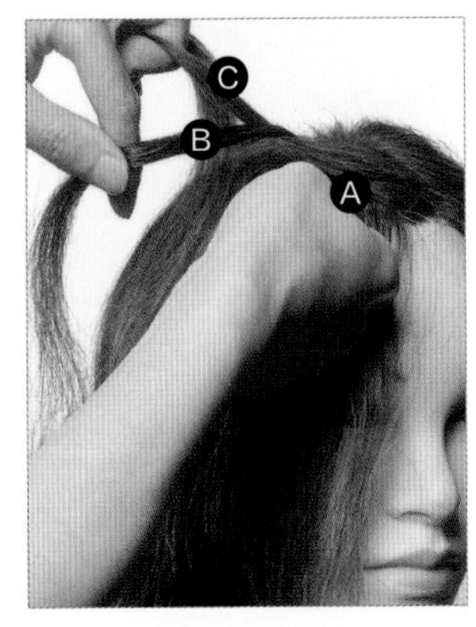

04 将B发片压在C发片之上。

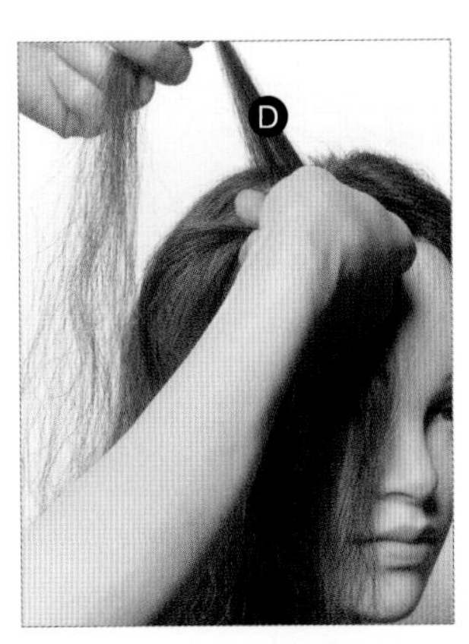

05 在左侧取一束新的发片D。

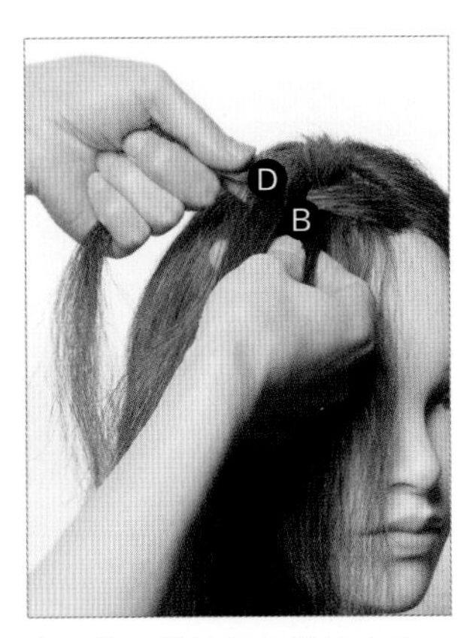

06 将D发片与B发片合并。

07 将A发片压在B发片之上。

08 取一束新的发片E。

09 将E发片与A发片合并。

10 依次用相同的手法进行三股双向续发编辫。

11 编至发尾。

12 用三股双向续发编辫手法打造的发型效果图。

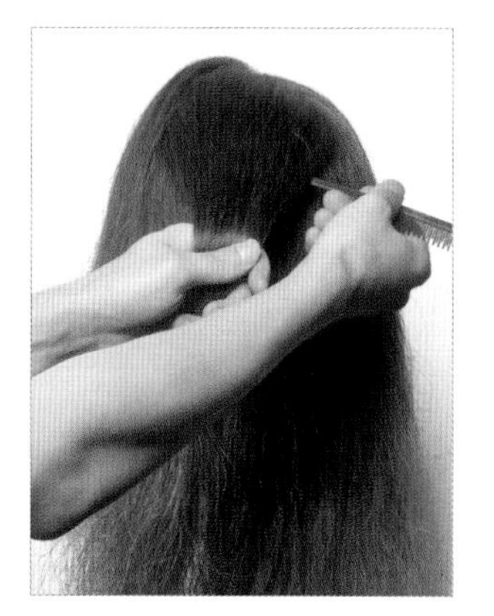
01 在顶区取一束发片。

02 将其分为均等的三股发片。

03 进行三股双向续发编辫。

04 编至发尾。

05 拉扯发辫边缘的发丝，使其轮廓更加蓬松饱满。

06 注意左右拉扯的力度要均等对称。

07 将发尾用皮筋固定后，调整发丝的纹理及轮廓。

08 佩戴头饰，点缀发型。

09 用三股双向续发编辫手法打造的发型完成图后面。

10 用三股双向续发编辫手法打造的发型完成图右后侧。

11 用三股双向续发编辫手法打造的发型完成图左后侧。

12 用三股双向续发编辫手法打造的发型完成图正面。

假辫

基本操作方式

01 取刘海处的一束发片，由外向内拧转并固定。

02 取左侧区的一束发片，由内向外拧绳并固定。

03 继续取外侧的一束发片，由外向内拧转后，与前一处拧绳发片衔接并固定。

04 继续取内侧的一束发片，由内向外拧转，将其与前发片衔接并固定。

05 用相同的手法继续处理左侧的发片。

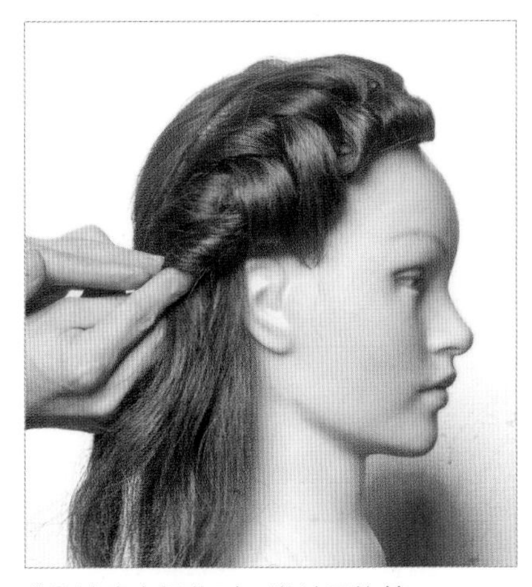
06 注意在操作时，发片要均等。

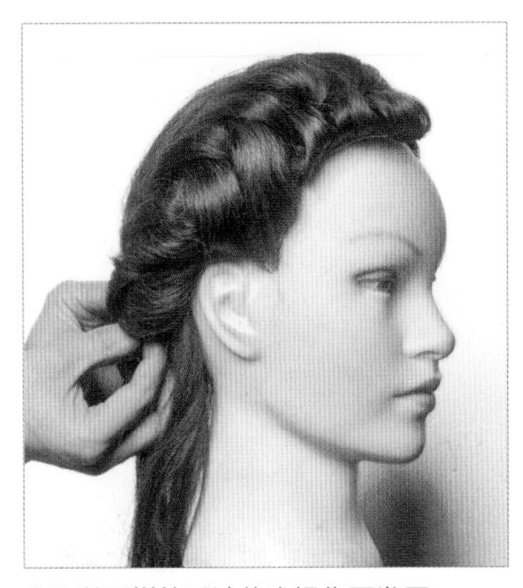
07 以同样的手法依次操作至发尾。

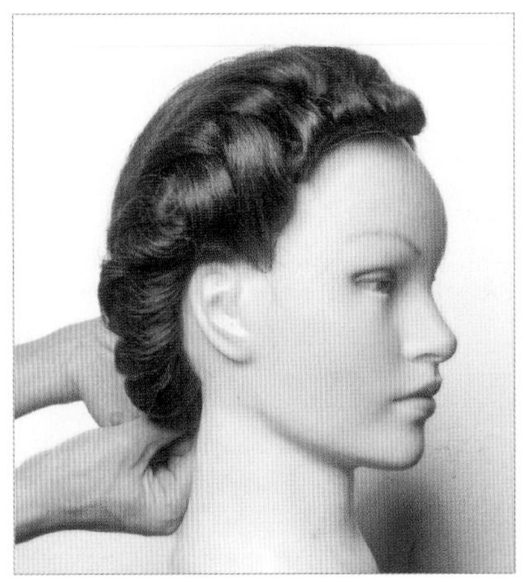
08 将发尾向内收起并固定。

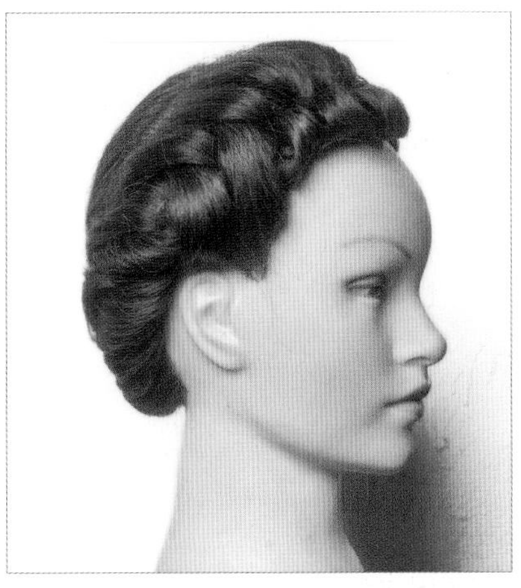
09 用做假辫的手法打造的发型效果图。

01 将头发分出刘海区，进行假辫操作。

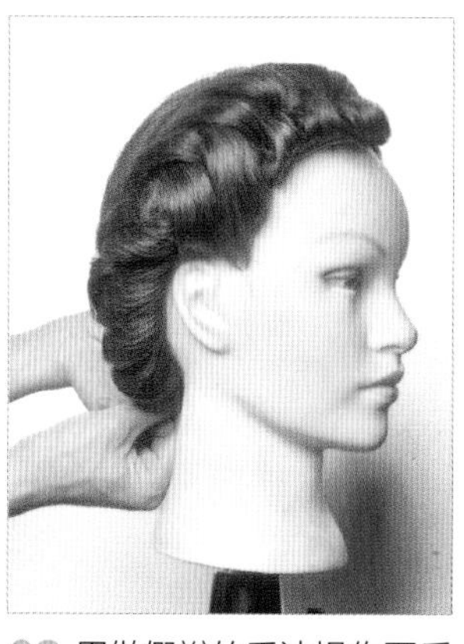

02 用做假辫的手法操作至后发区的右侧后，固定头发。

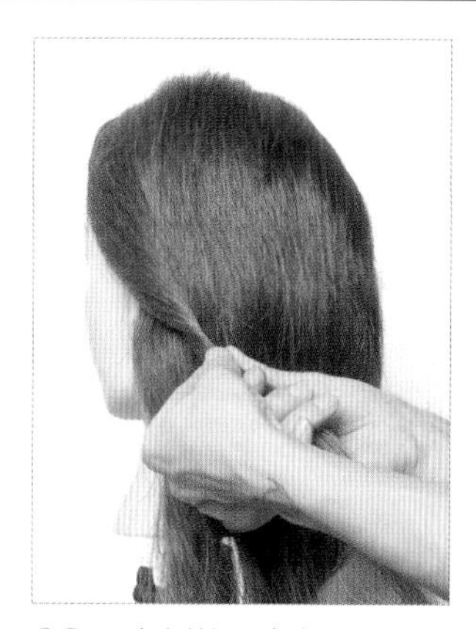

03 取左侧的一束发片，进行拧绳。

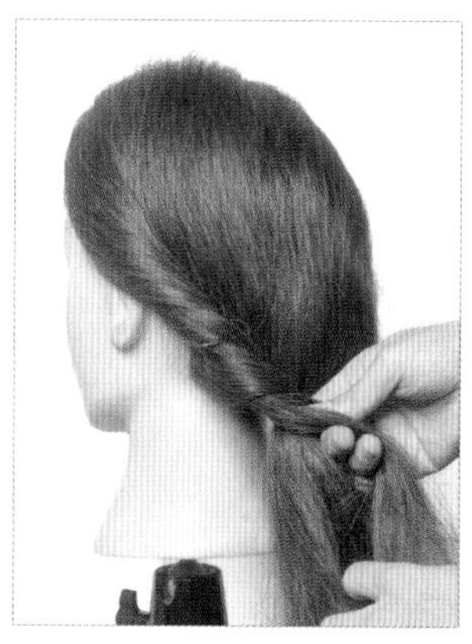

04 继续将发片进行拧绳续发处理。

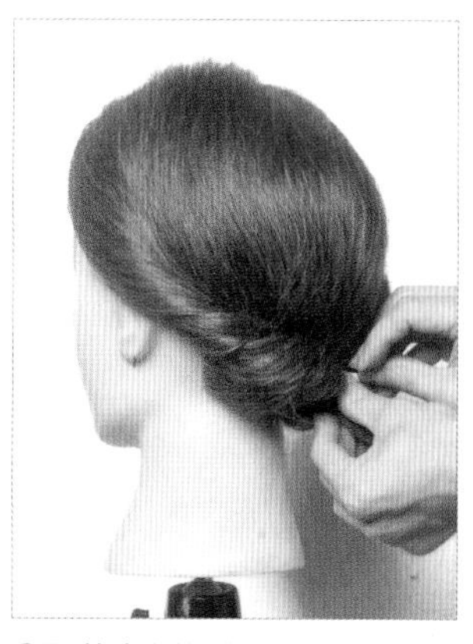

05 将左侧的发片拧绳续发至后发区的中部。

06 将发尾做拧绳处理，拧转并固定。

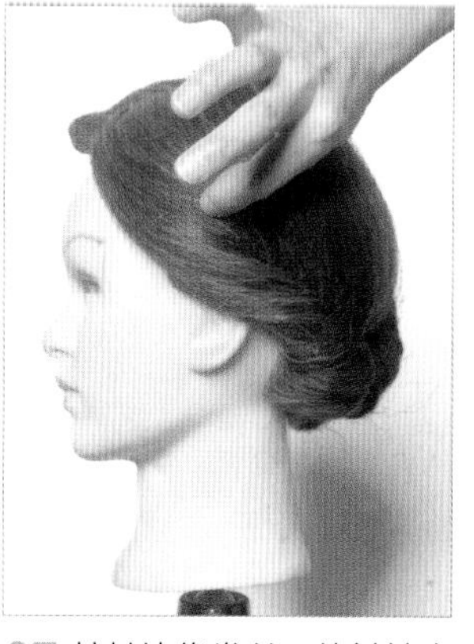

07 拉扯边缘发丝，使其轮廓线条更加鲜明。

08 佩戴头饰，点缀发型。

09 用做假辫的手法打造的发型完成图右后侧。

10 用做假辫的手法打造的发型完成图后面。

11 用做假辫的手法打造的发型完成图左后侧。

12 用做假辫的手法打造的发型完成图左前侧。

反三股编辫抽丝

基本操作方式

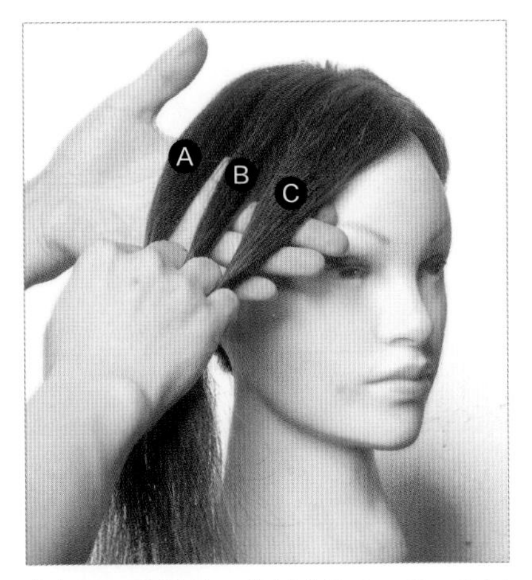

01 取一束发片，将其分为 A、B、C 三束均等的发片。

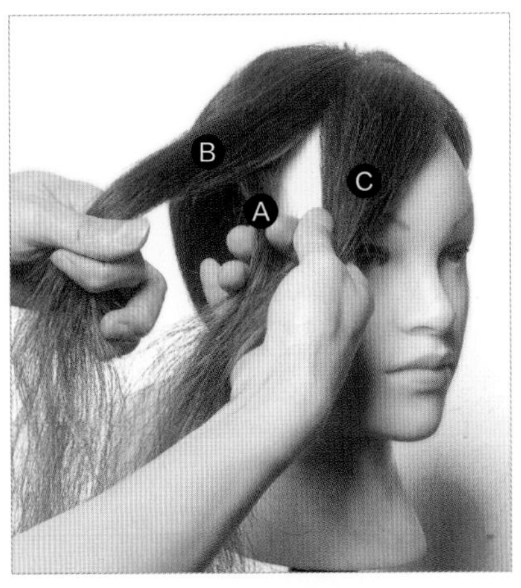

02 将 A 发片放在 B 发片之下。

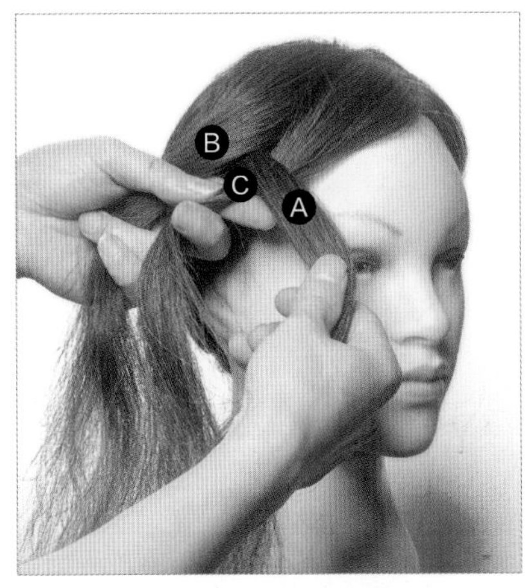

03 将 C 发片放在 A 发片之下。

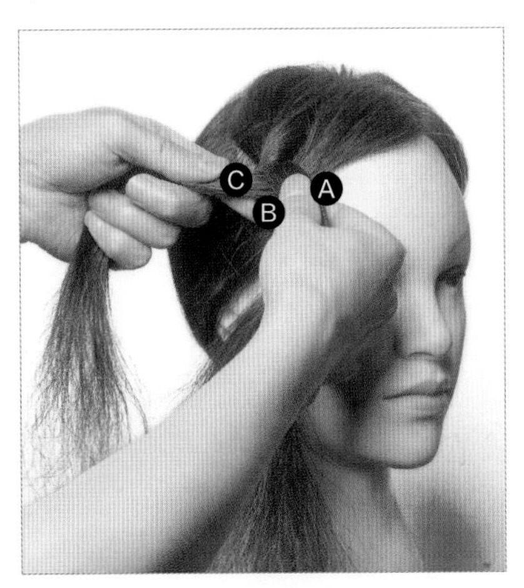

04 将 B 发片放在 C 发片之下。

05 用相同的手法继续进行操作。

06 对发辫的边缘进行抽丝处理。

07 编至发尾，对发辫的边缘进行抽丝处理。

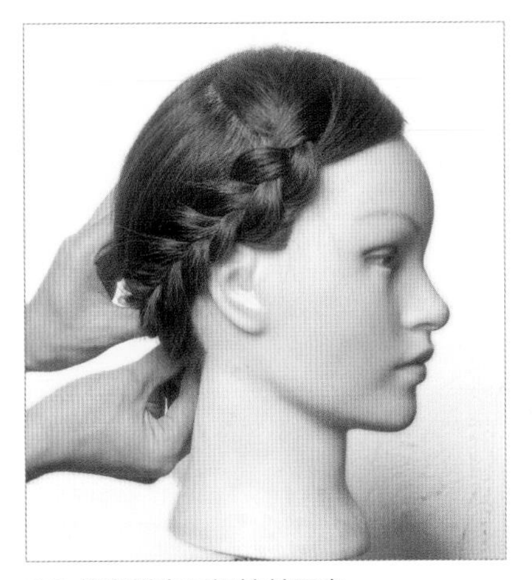

08 将发辫向后提拉并固定。

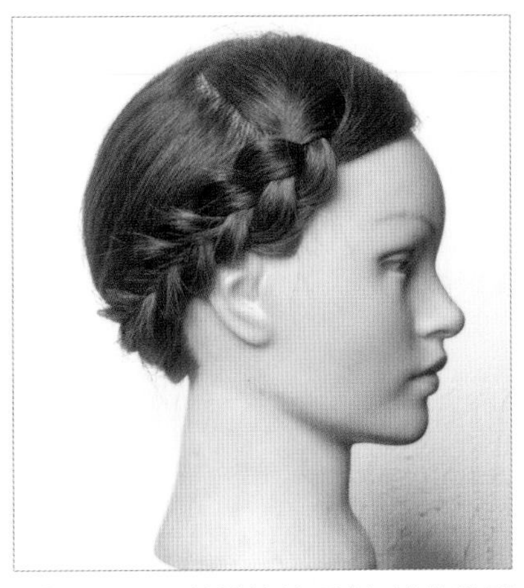

09 用反三股编辫抽丝手法打造的发型效果图。

01 将头发分出左侧区与后发区，将后发区分成均等的三个发片。

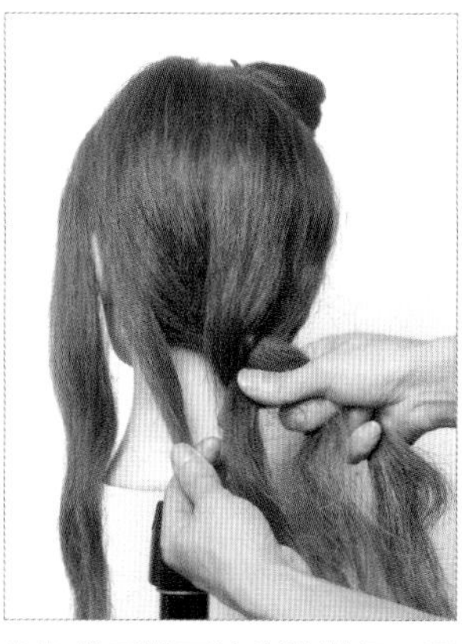

02 将后发区的头发进行三股单边续发编辫。

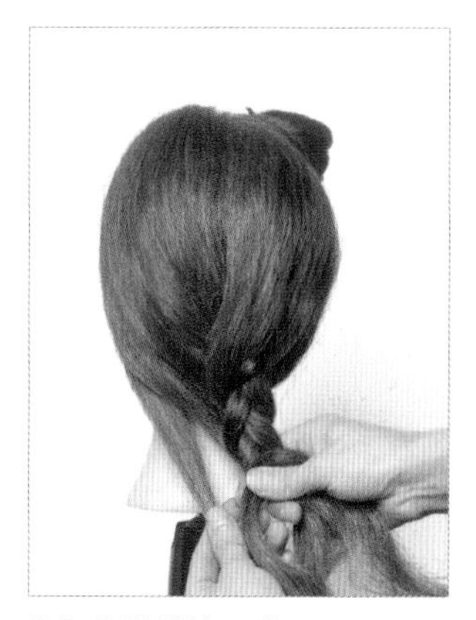

03 将发辫编至发尾。

04 对发辫边缘进行抽丝处理。

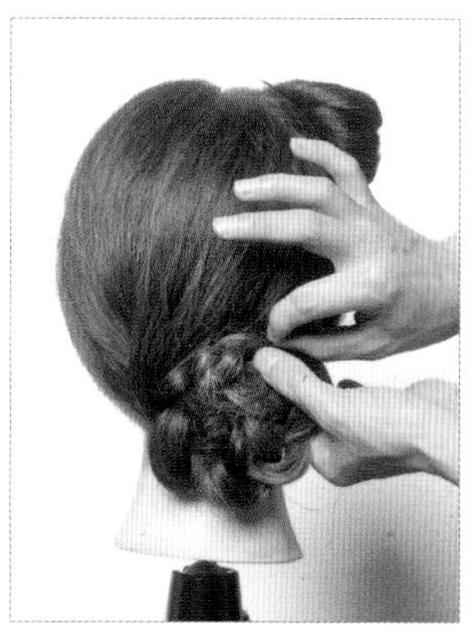

05 将发辫拧转成花瓣状发髻后固定。

06 将刘海进行反三股编辫抽丝编发直至发尾。

07 将发辫向后提拉，与后发髻衔接后固定。

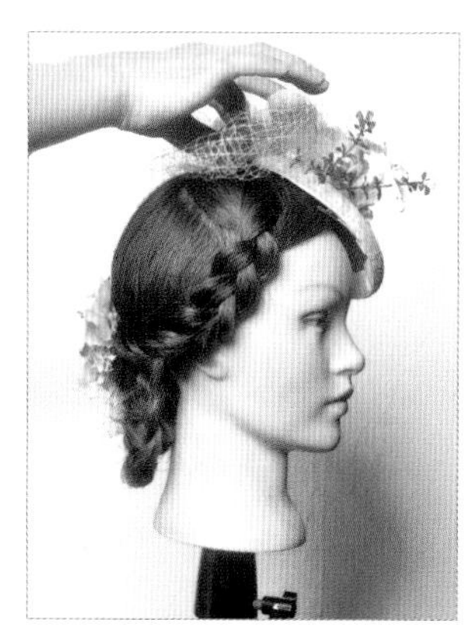

08 佩戴头饰，点缀发型。

09 用反三股编辫抽丝手法打造的发型完成图正侧面。

10 用反三股编辫抽丝的手法打造的发型完成图右侧。

11 用反三股编辫抽丝手法打造的发型完成图左后侧。

12 用反三股编辫抽丝手法打造的发型完成图后面。

连续拧转

基本操作方式

01 在左侧区取一束发片，并将其梳理干净。

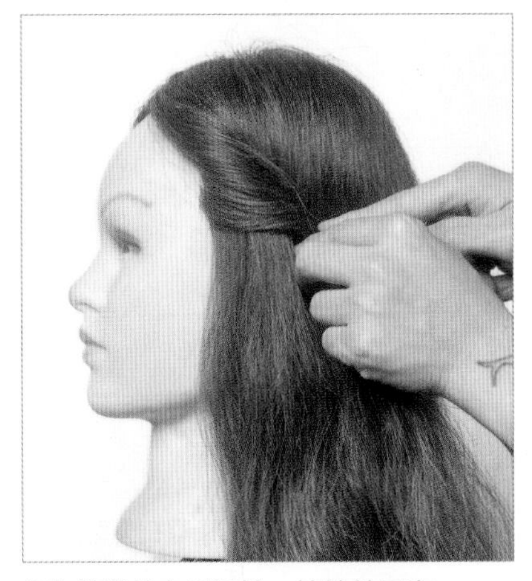

02 将发片向后提拉，拧转并固定。

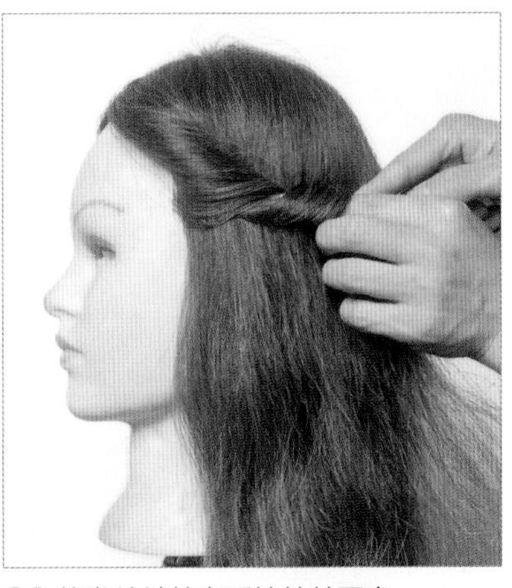

03 将发片继续向后拧转并固定。

04 继续以同样的手法做第三个拧转。

05 用相同的手法将发尾做连续拧转，将其固定。

06 在拧转的发辫下方取另一束发片，向后拧转并固定。

07 以同样的手法继续将头发拧转并固定。

08 将头发连续拧转至发尾后固定。

09 用连续拧转手法打造的发型效果图。

01 取刘海区的一束发片，由外向内拧转并固定。

02 连续拧转并固定至左侧耳下方。

03 取右侧区的一束发片，向后拧转并固定。

04 将发尾做连续拧转，固定在枕骨的下方。

05 取后发区右侧的一束发片，将其拧转并固定。

06 取后发区左侧剩余的发片，将其连续拧转并固定。

07 将发尾继续向右侧拧转，收起并固定。

08 在右侧区佩戴头饰，点缀发型。

09 用连续拧转手法打造的发型完成图右后侧。

10 用连续拧转手法打造的发型完成图后面。

11 用连续拧转手法打造的发型完成图左后侧。

12 用连续拧转手法打造的发型完成图右前侧。

PART 2
熟练阶段

01 基础手法组合发型案例解析

束马尾 + 三股编辫 + 两股拧绳

简洁的编发低发髻结合拧绳刘海搭配头饰，使整体发型凸显简洁大气的时尚气质。

01 将头发分为后发区及刘海区。

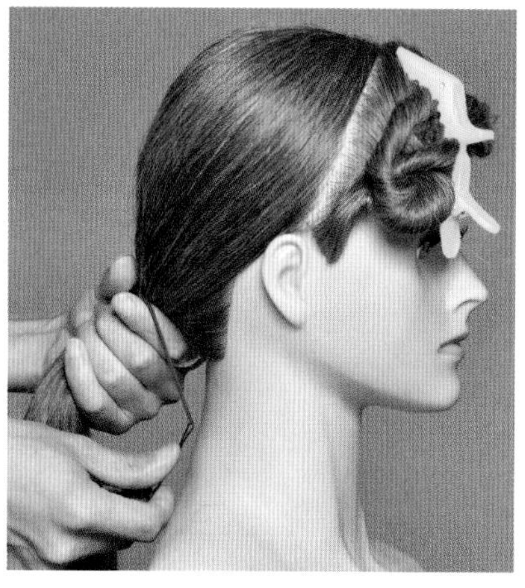

02 将后发区的头发用皮筋捆绑成低马尾。

03 将发尾的头发进行三股编辫。

04 将发辫缠绕并固定成低发髻。

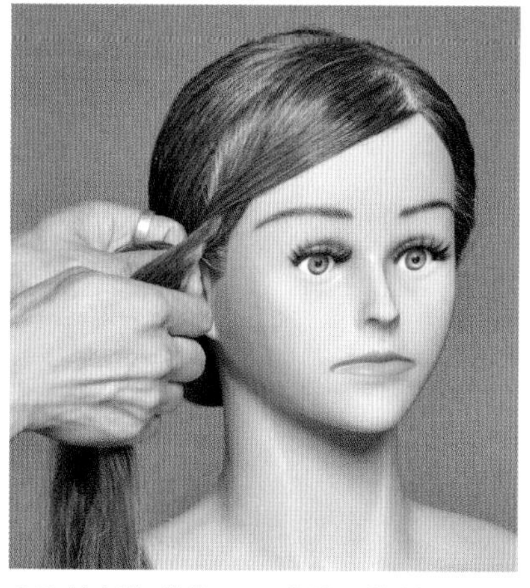

05 将刘海分为两股发片，将其交叉并拧转。

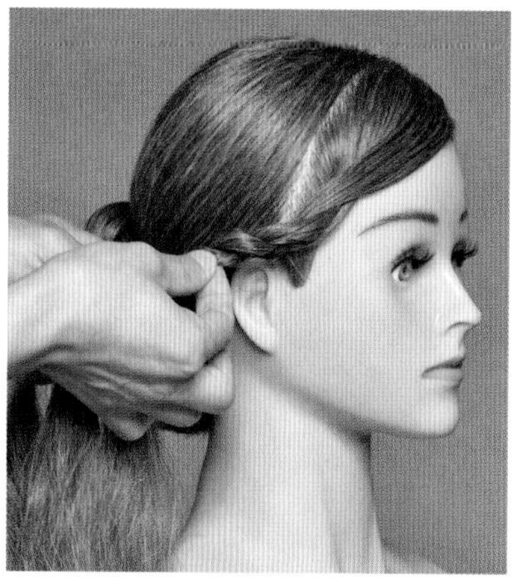

06 拉扯拧绳边缘的头发。

07 拧绳至发尾，将发辫与后发髻缠绕并固定。

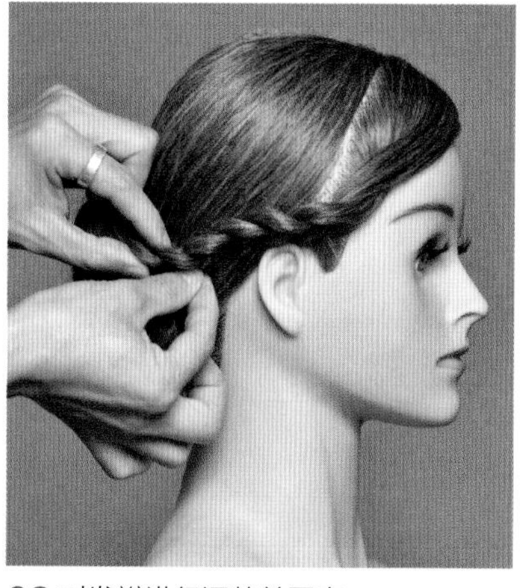

08 对发辫进行调整并固定。

09 在前额处佩戴头饰，点缀发型。

外翻烫卷 + 卷筒

外翻卷筒盘发，精致光洁，搭配顶区花冠的衬托，凸显新娘端庄大气的古典气质。

01 将刘海中分。

02 取中号电卷棒，将左右头发外翻烫卷。

03 将后发区左侧的头发做卷筒，盘起并固定。

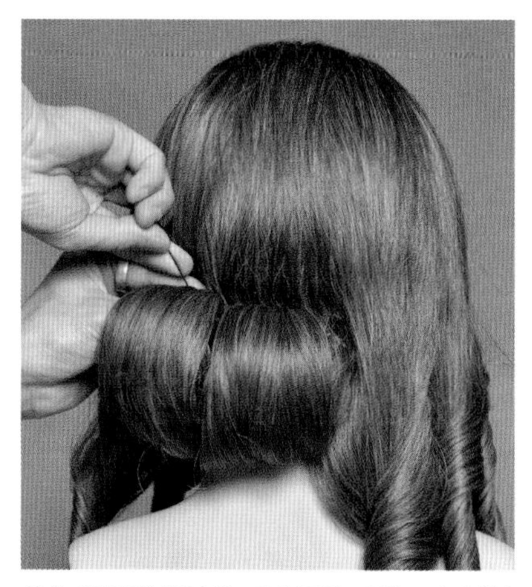

04 继续以卷筒的手法操作后发区左侧的头发。

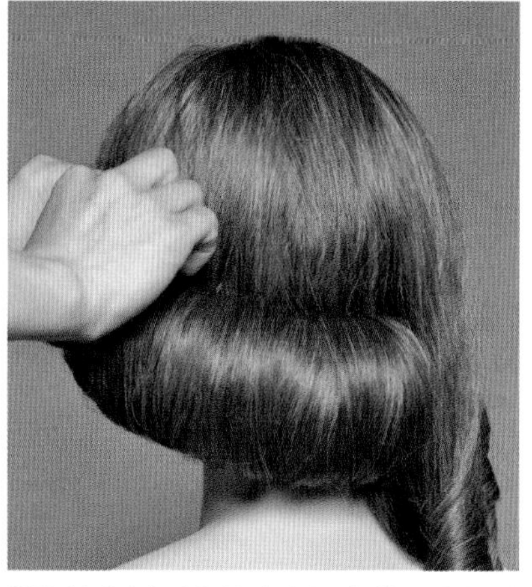

05 将左侧剩余的头发做卷筒，盘起并固定。

06 将右侧的头发用相同的手法操作。

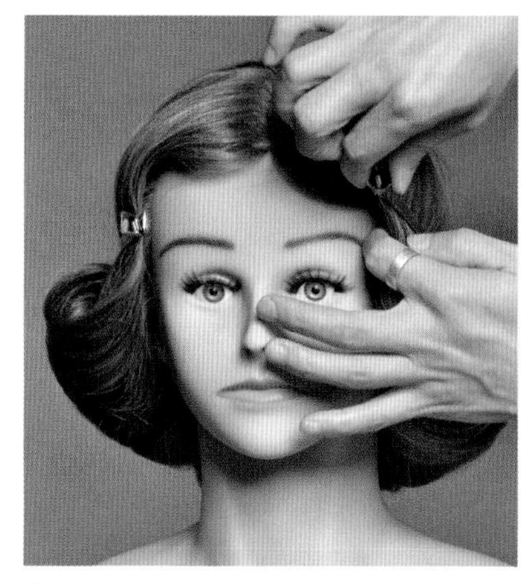

07 将左右两眉外侧的头发用鸭嘴夹固定好。

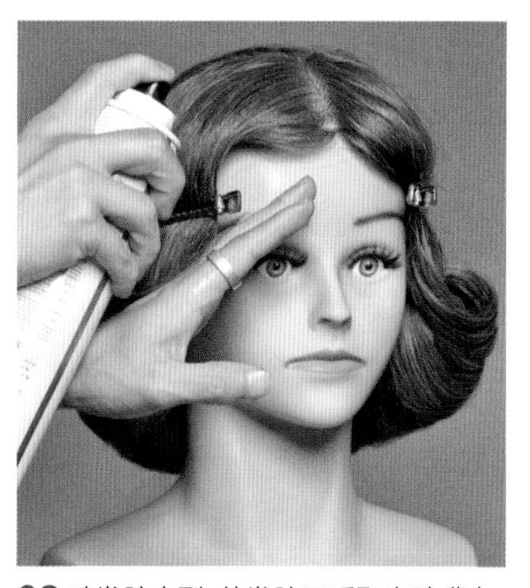

08 喷发胶定型，待发胶干后取出鸭嘴夹。

09 在顶区佩戴头饰，点缀发型。

拧转 + 鱼骨编辫

层次鲜明的鱼骨编辫低发髻结合偏侧的鱼骨编辫，搭配偏侧的头饰，使发型优雅而精致。

01 将顶区的头发拧转并固定。

02 取左侧区的头发，向枕骨处提拉，拧转并固定。

03 将右侧区的头发用相同的手法进行操作。

04 将后发区左侧的头发向上提拉，拧转并固定。

05 将后发区右侧的头发用相同的手法进行操作。

06 将发尾进行鱼骨编辫。

07 拉扯发辫边缘。

08 将拉扯后的发辫拧转，缠绕并固定在后发区。

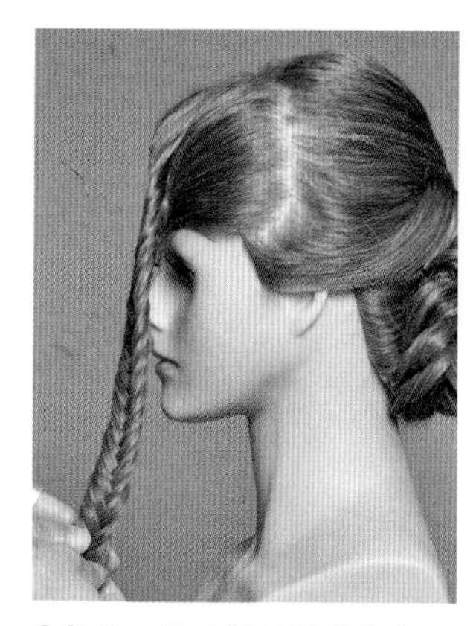

09 将刘海区的头发进行鱼骨编辫。

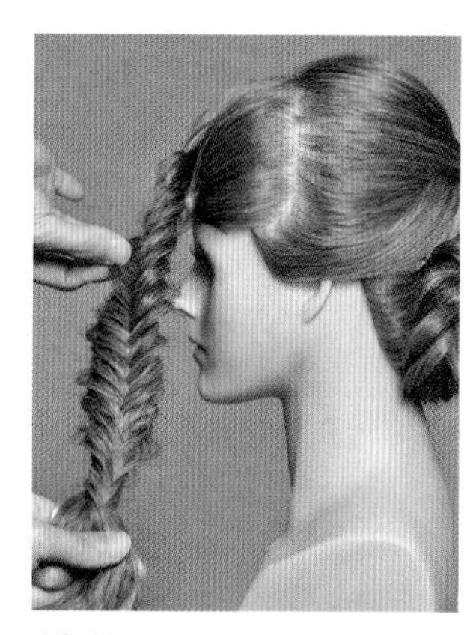

10 拉扯编好的发辫边缘。

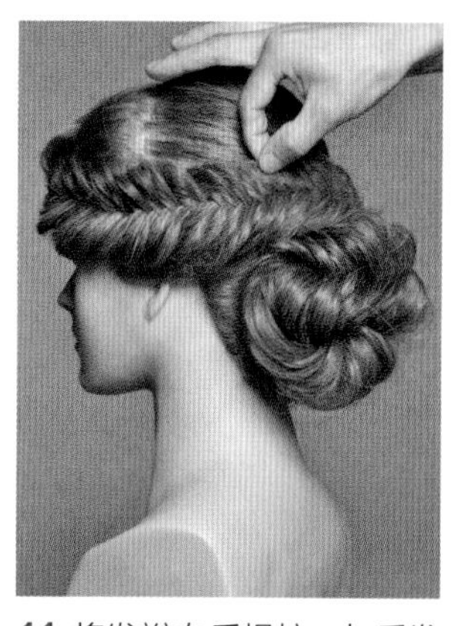

11 将发辫向后提拉，与后发髻衔接并固定，调整发辫的轮廓及纹理。

12 佩戴头饰，点缀发型。

鱼骨编辫 + 手推花

手推花组合而成的低发髻盘发结合时尚个性的花瓣状编发刘海，搭配头饰，使发型凸显新娘时尚优雅的气质。

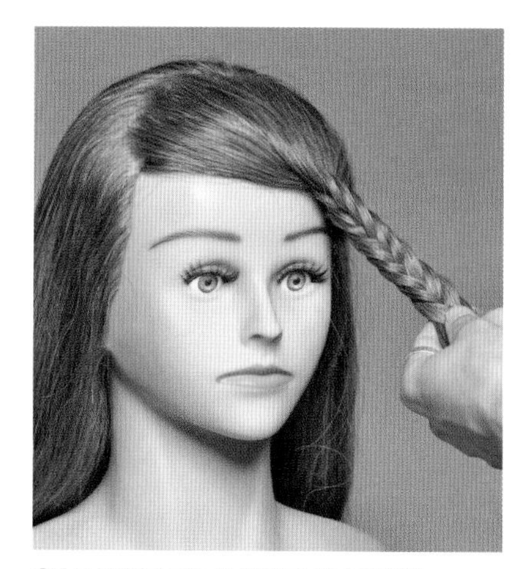

01 对刘海区的头发进行鱼骨编辫。

02 拉扯发辫边缘。

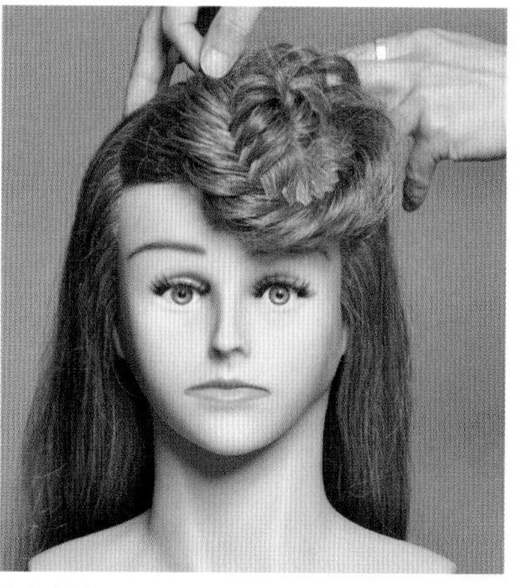

03 将发辫向上旋转并固定在前额处。

04 将左侧区的头发做手推花处理，拧转并固定。

05 将后发区中部的头发拧绳，并拉扯拧绳的边缘。

06 将拧绳由尾部向根部推送。

07 将手推花拧转并固定。

08 继续用相同的手法进行操作，将剩余的头发进行手推花处理。

09 佩戴头饰，点缀发型。

单包+打毛

简洁大气的单包盘发讲究光洁饱满，用打毛的手法将刘海打造得蓬松饱满，利用偏侧的头花来协调整体发型的轮廓感。

01 将后发区头发向上提拉后，将其梳理干净。

02 以尖尾梳的尖端作为轴心。

03 将头发拧转并固定。

04 将发尾的头发拧绳，盘绕并固定在顶区。

05 将刘海区的头发的根部做打毛处理。

06 将打毛的头发向右侧梳理干净，用鸭嘴夹将其固定。

07 将剩余头发的发尾由右向左提拉。

08 将发尾摆出精美的发卷轮廓。

09 喷发胶定型后，取出鸭嘴夹。在左侧前额处佩戴头饰，点缀发型。

束马尾 + 拧转 + 鱼骨编辫

错落有致的拧转卷筒组合成层次鲜明的后发髻，结合左右对称的鱼骨辫，
再搭配森系风格的头饰，使发型呈现新娘优雅而清新的气质。

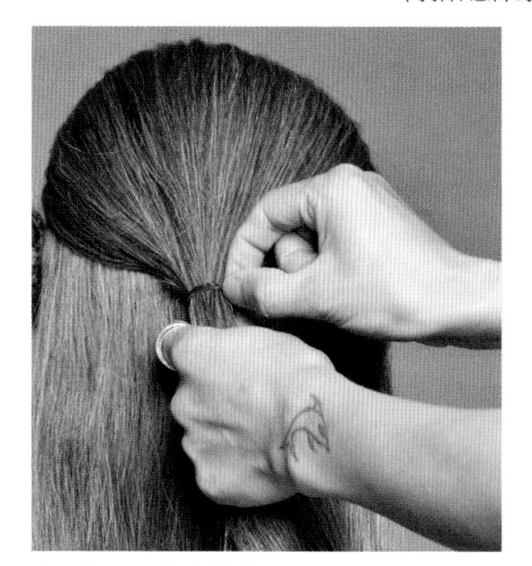

01 将顶区的头发束马尾。

02 从左右侧区各取一束发片，对称向上拧转并固定。

03 继续取左侧区的一束发片，向上拧转并固定。

04 依次由左向右将发片向上拧转并将其固定。

05 每股发片要均匀相等，使其纹理清晰。

06 对右侧区头发进行鱼骨编辫。

07 将左侧区的头发用相同的手法操作，并拉扯发辫边缘。

08 将左侧区的发辫缠绕在顶区，由左向右提拉并固定。

09 将右侧区的发辫以反向相同的手法操作后，在顶区佩戴头饰，点缀发型。

打毛 + 拧包 + 卷筒

偏侧饱满的卷筒组合发型表现婉约端庄的气质，在顶区搭配森系花冠，为发型增添了清新柔美感。

01 对刘海区头发的根部做打毛处理。

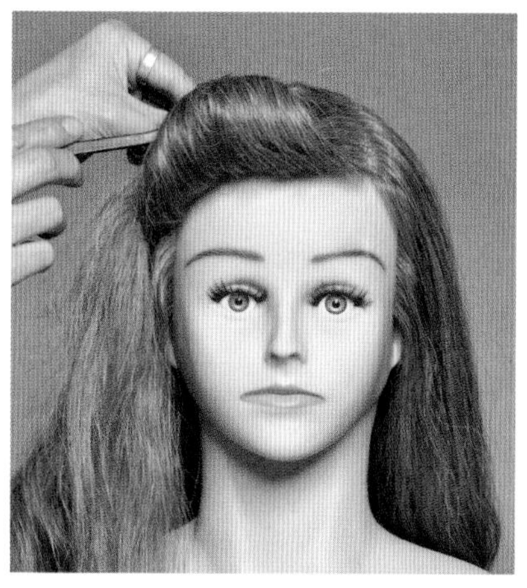
02 将其由前向后做拧包并固定。

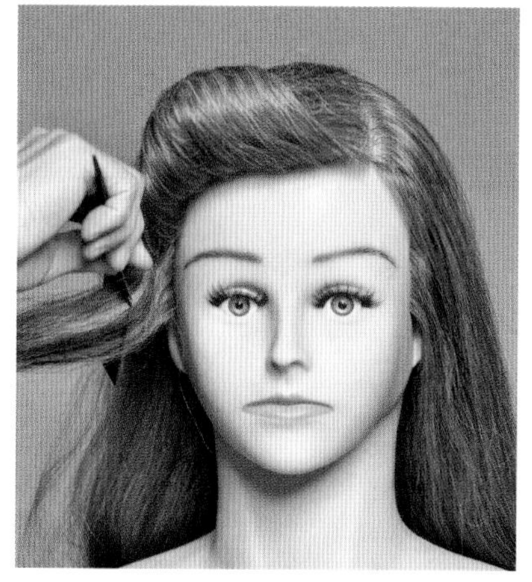
03 将右侧区的头发打毛。

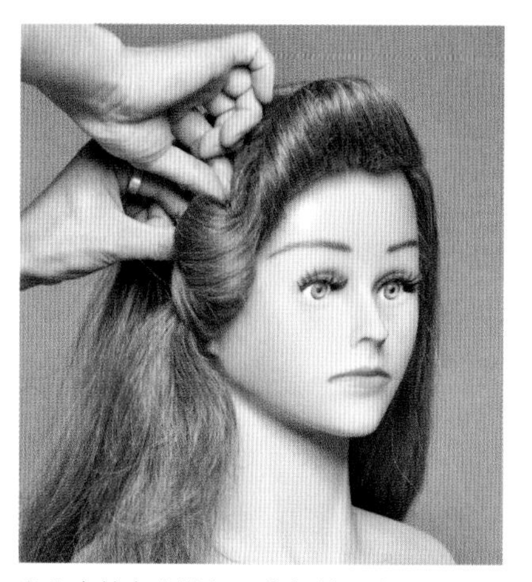
04 由外向内拧包，收起并固定。

05 将剩余的头发向右侧梳理干净。

06 将发片向上做卷筒，拧转并固定。

07 将剩余的发尾做卷筒，收起并固定。

08 在顶区佩戴头饰，点缀发型。

09 发型完成效果图。

拧转 + 两股拧绳 + 三股单边续发编辫 + 三股编辫

后缀式韩式编发发型搭配仿真花，使发型凸显新娘含蓄婉约的淑女气质。

01 取左侧的一束发片，向后发区右侧拧转并固定。

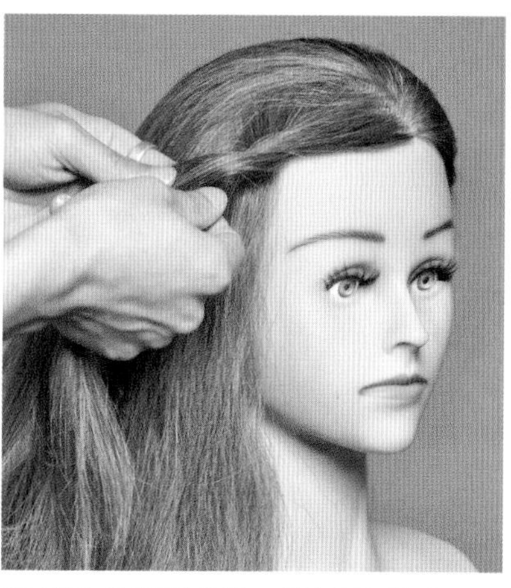

02 取刘海区的头发，进行两股拧绳。

03 边拧绳边拉扯拧绳的边缘。

04 将拧绳提拉并固定在枕骨的右侧。

05 取后发区右侧的一束发片，以三股编辫起头。

06 取左侧一束发片，将其续入右侧三股编辫中。

07 依次用相同的手法操作至底端。

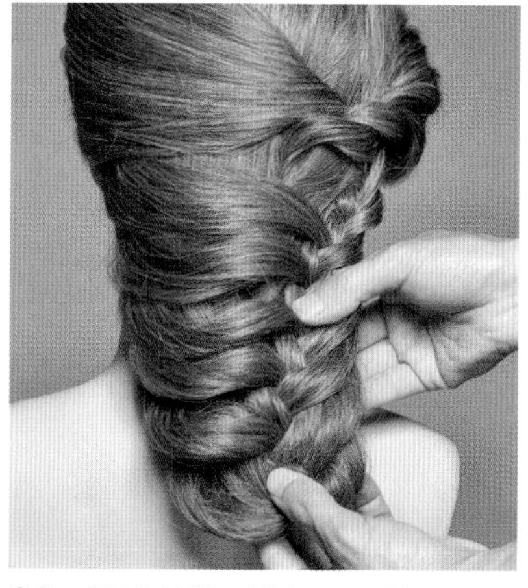

08 对剩余的发尾进行三股编辫后，将尾端向内收起并固定。

09 佩戴头饰，点缀发型。

拧包 + 打毛

高角度提拉的拧包盘发结合用打毛手法打造的饱满轮廓，再加上外翻发尾为发型增添了一分灵活感，最后搭配蕾丝黑纱纱帽，整体发型凸显新娘时尚个性的气质。

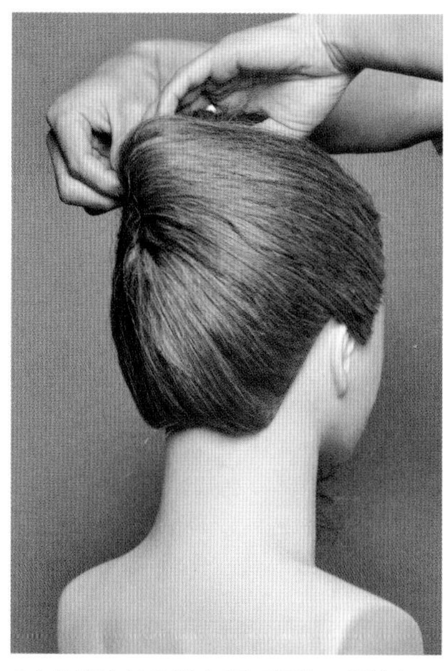

01 将所有的头发向顶区提拉，做拧包，盘起并固定。

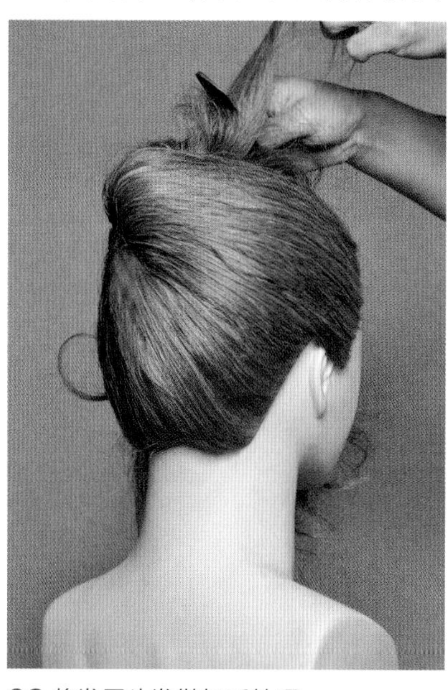

02 将发尾头发做打毛处理。

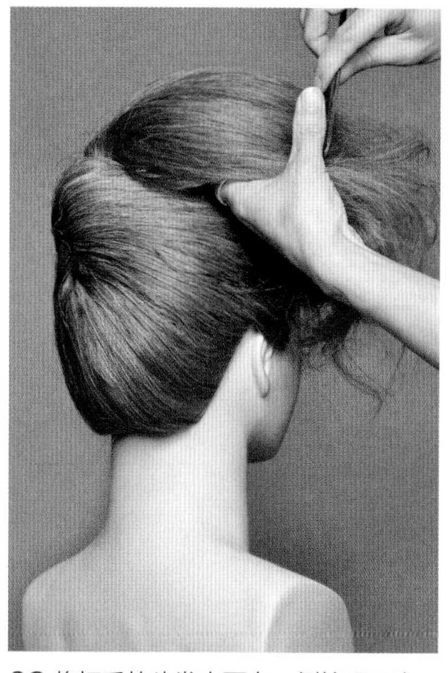

03 将打毛的头发表面向一侧梳理干净。

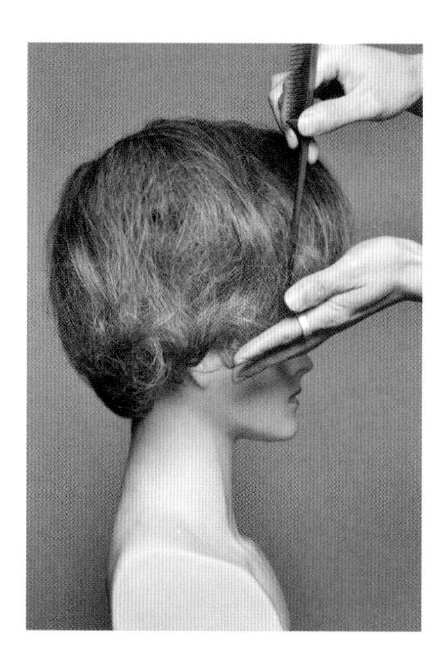

04 调整好偏侧的发型轮廓及发丝线条。

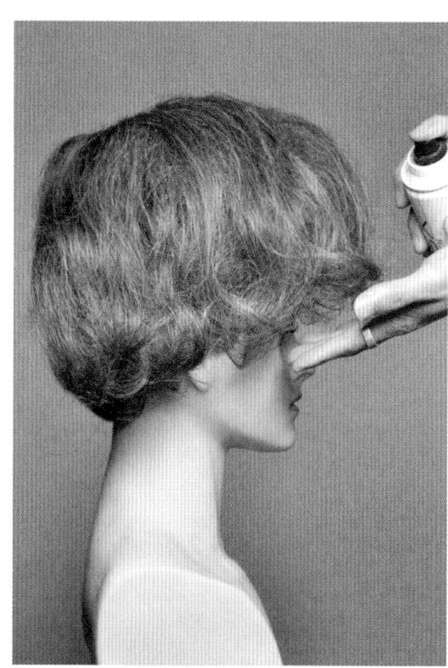

05 喷发胶定型。

06 在左侧佩戴头饰，点缀发型，使整体发型协调。

四股编辫 + 束马尾 + 卷筒

后缀式的对称编发搭配闪亮的额饰，使发型凸显新娘甜美娴静的气质。

01 在顶区取四股均等的发片。

02 进行四股编辫至发尾。

03 将发辫向前推送并固定。

04 在左右两侧各取一束发片，进行四股编辫并固定。

05 在左右发辫下方各取一束发片，各向后发区中间提拉，用皮筋捆绑合并。

06 继续取左右各一束发片，用相同的手法进行操作。

07 对上下马尾进行穿插组合。

08 依次用相同的手法操作至发尾。

09 拉扯发片的边缘。

10 将发尾打结并固定。

11 将剩余的尾端发片做卷筒，将其盘起并固定。

12 佩戴头饰，点缀发型。

玉米烫 + 拧转 + 连续拧转 + 蝴蝶结发髻

纹理清晰、轮廓饱满的后缀式盘发搭配仿真花及森系花冠，发型凸显新娘高贵典雅的气质。

01 将所有的头发进行玉米烫处理，将刘海做中分分区。

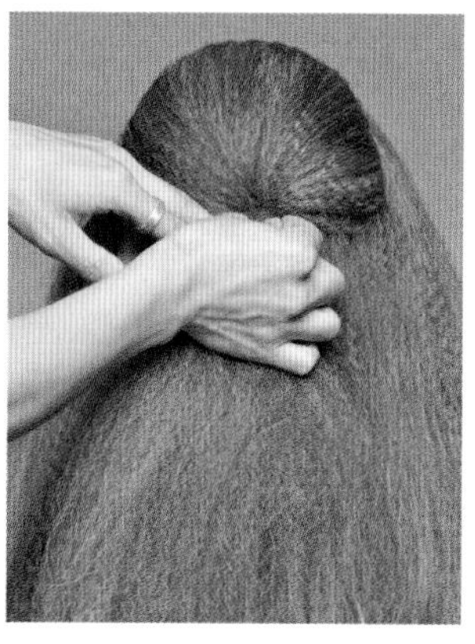

02 将顶区的头发做拧包并固定好。

03 取左侧区的头发，向枕骨处提拉，拧转并固定。

04 将右侧区的头发用相同的手法进行操作。

05 在后发区取一束发片，向左侧拧转并固定。

06 在后发区再取一束发片，向右侧拧转并固定。

07 继续做连续拧转并固定。

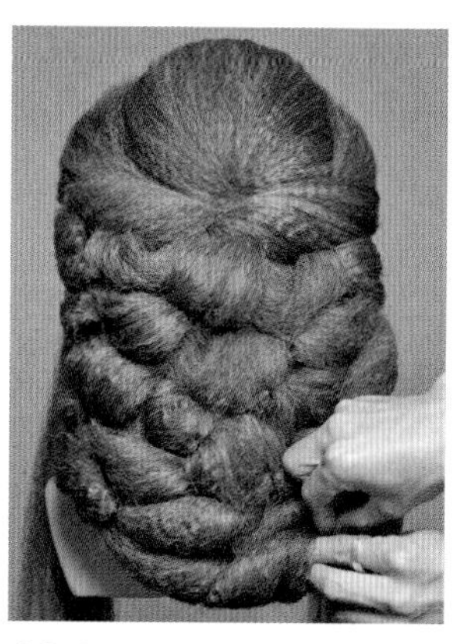

08 将后发区的头发按层次进行连续拧转，组成饱满的轮廓。

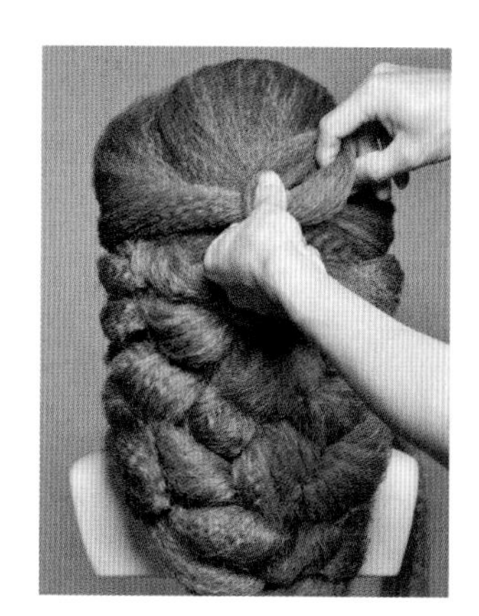

09 取左侧刘海区的头发，对折并拧转。

10 取右侧刘海与左侧刘海，叠加并拧转成蝴蝶结。

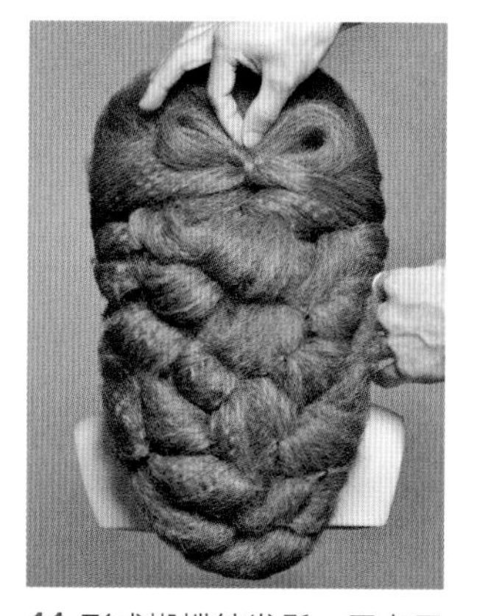

11 形成蝴蝶结发髻，用卡子固定。发尾在蝴蝶结的中部来回对折并固定。

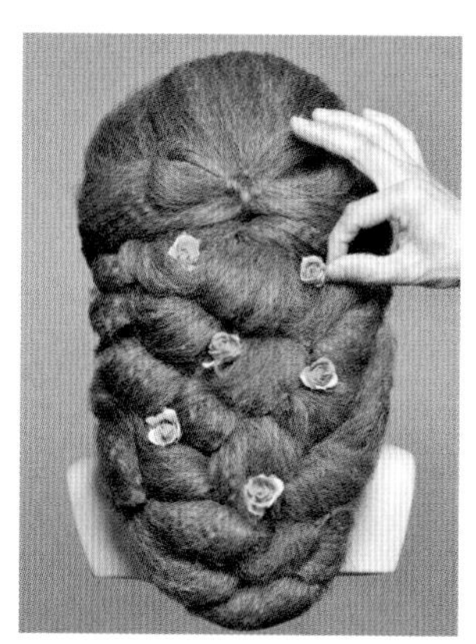

12 在后发区佩戴头饰，点缀发型。

玉米烫＋拧包＋三股编辫＋拧转

利用卷筒手法组合而成的后缀式轮廓盘发，结合顶区发辫绢花的点缀，发型呈现出新娘典雅含蓄的气质。

01 将所有的头发进行玉米烫处理，将顶区的头发做拧包后固定。

02 将右侧刘海向后进行三股编辫。

03 将发辫向枕骨处提拉，并将其固定。

04 取左侧刘海，进行三股编辫，拉扯发辫边缘。

05 在顶区将发辫由左向右缠绕并固定。

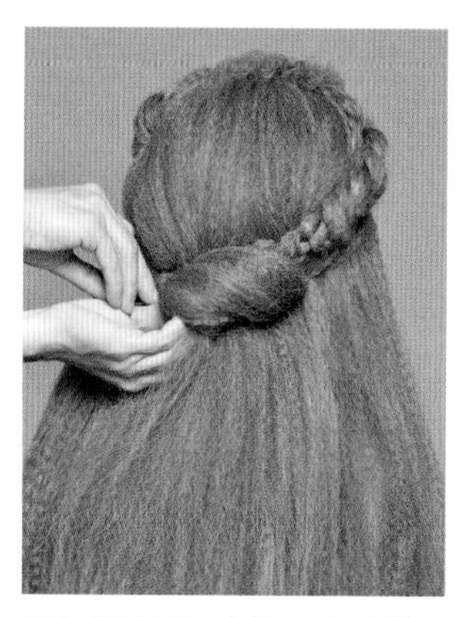

06 取枕骨下方的一束头发，拧转并固定。

07 取枕骨下方的发片，由左向右拧转并固定。

08 用相同的手法将后发区的头发继续交叉拧转并固定，直至发尾。

09 将左侧区边缘的头发拧转衔接并固定。

10 将左侧区的头发依次操作至发尾。

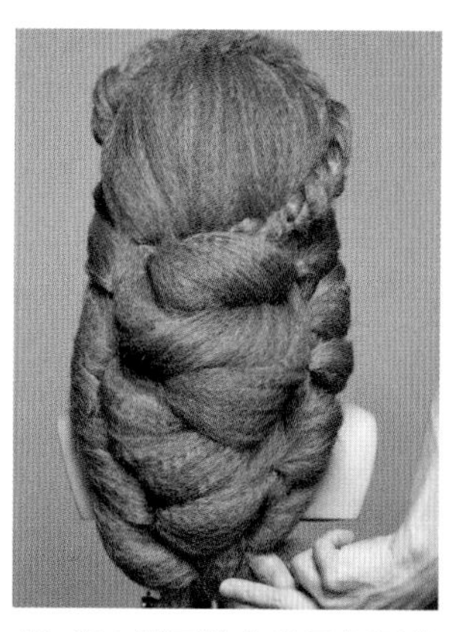

11 将右侧区的头发用相同的手法进行操作。

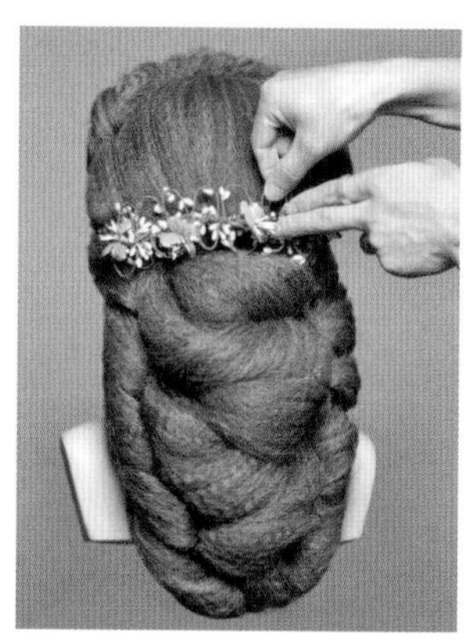

12 佩戴头饰，点缀发型。

玉米烫 + 拧包 + 拧转 + 两股拧绳

此款发型运用两股拧绳结合拧包卷筒发型组合而成，轮廓呈现倒三角形，
在前额处搭配绢花，整体发型呈现出新娘精致婉约的气质。

01 将所有的头发进行玉米烫处理，将顶区的头发做拧包后固定。

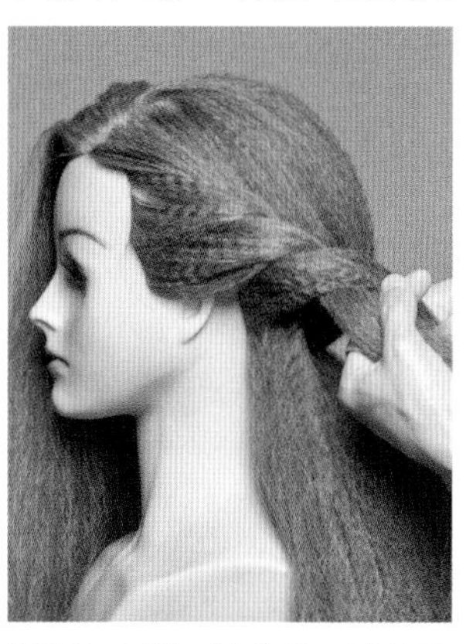

02 取左侧区的头发，进行两股拧绳处理。

03 拉扯拧绳边缘。

04 衔接固定在枕骨处。

05 取右侧刘海区的头发，进行两股拧绳。

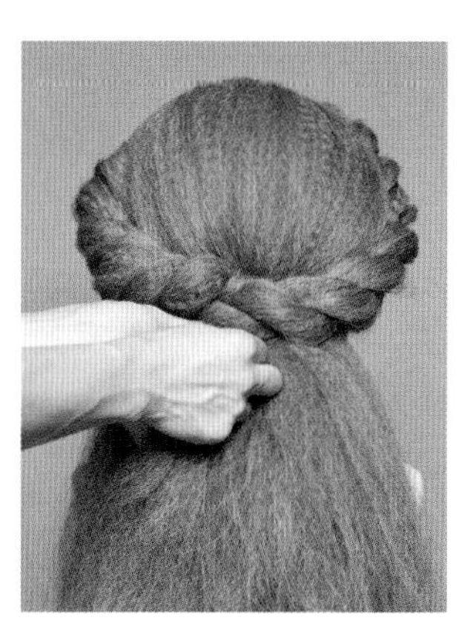

06 将拧绳衔接固定在枕骨处。

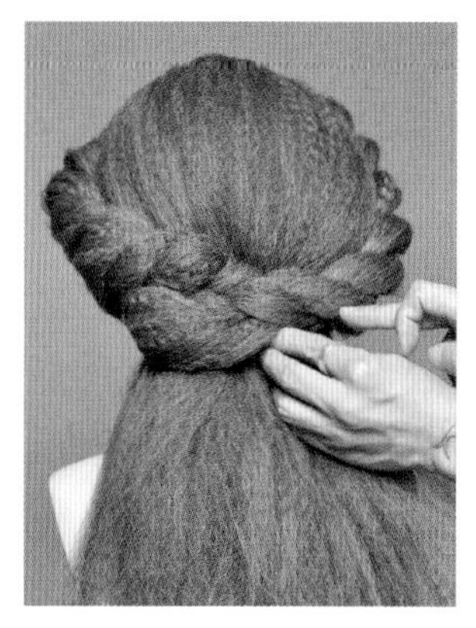

07 取左侧区的一束发片，向右提拉，拧转并固定。

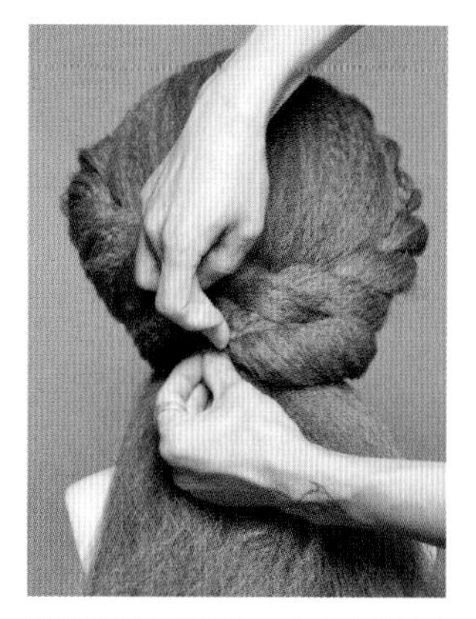

08 取右侧发片，向左侧枕骨处拧转并固定。

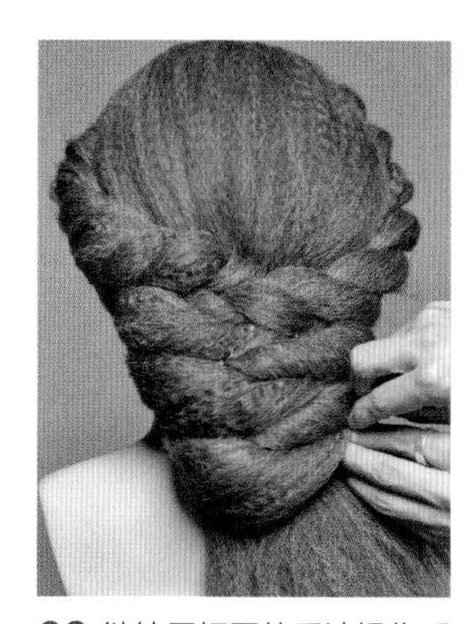

09 继续用相同的手法操作后发区剩余的头发。

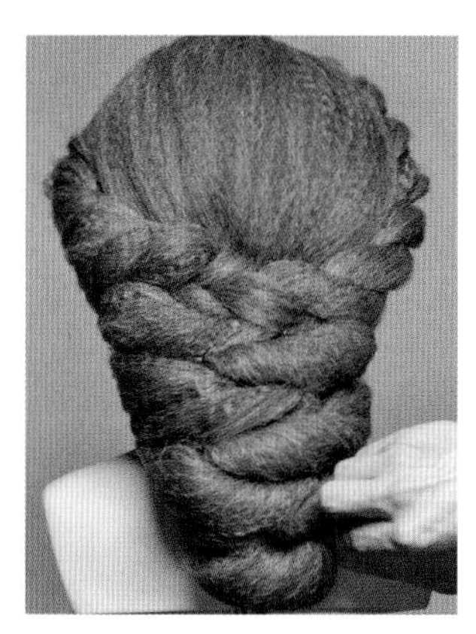

10 操作至发尾。

11 佩戴头饰，点缀发型。

12 发型完成。

玉米烫 + 拧包 + 三股编辫 + 三股单边续发 + 两股拧绳

纹理清晰、层次鲜明的盘发轮廓搭配具有田园风格的头饰，整体发型凸显新娘清新雅致的气质。

01 将所有的头发进行玉米烫，将刘海区的头发向后进行三股编辫。

02 编至一半时，取左侧两束发片，将其依次续入。

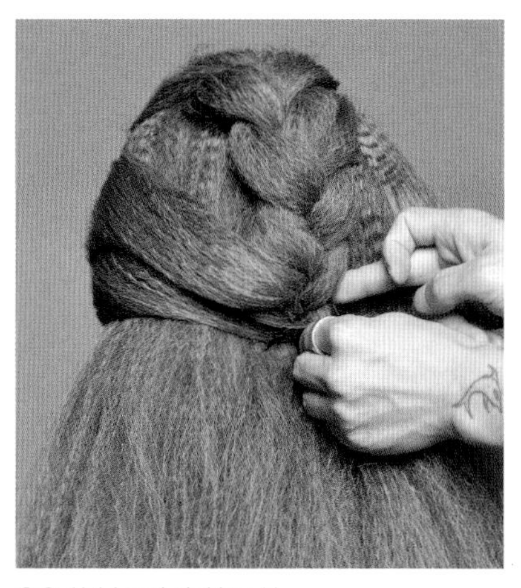

03 将其固定在枕骨处。

04 取右侧区的头发，进行三股编辫，直至发尾。

05 将发辫向左侧提拉，并固定在左侧耳下方处。

06 对剩余的头发进行两股拧绳至发尾。

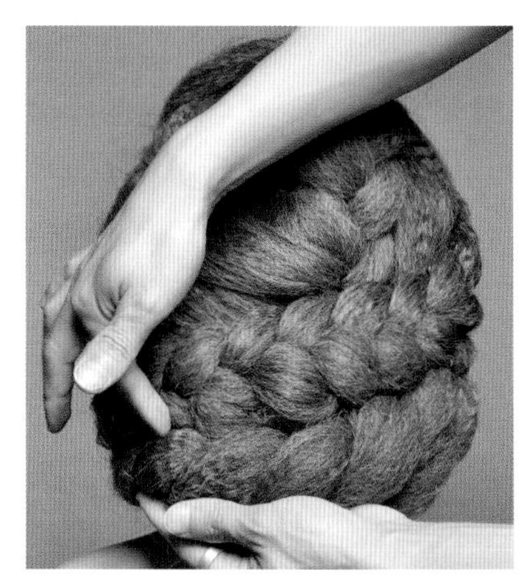

07 将拧绳与发辫衔接并固定。

08 在拧绳及发辫边缘下暗卡，将其衔接并固定。

09 佩戴头饰，点缀发型。

玉米烫 + 千股编辫 + 外翻拧转

精致的千股编辫结合偏侧外翻拧转卷筒，搭配绢花，整体发型凸显新娘精致婉约的迷人气质。

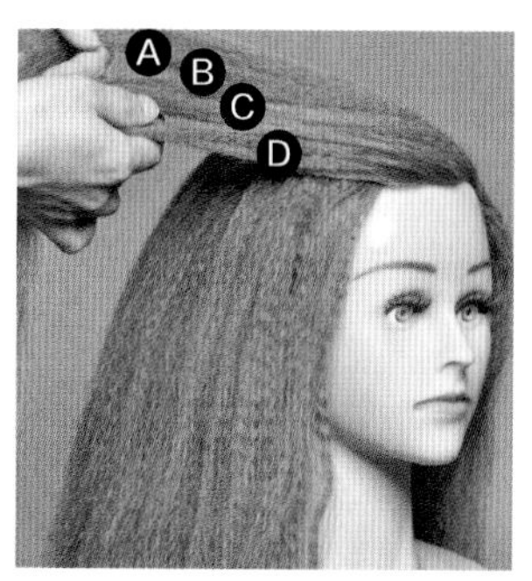

01 取出均等的四股发片 A、B、C、D。

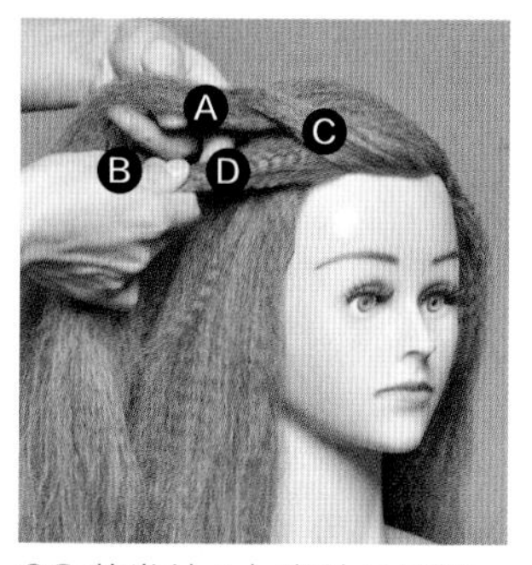

02 将发片 A 与发片 B 叠加，再将发片 C 压在发片 A 之上。

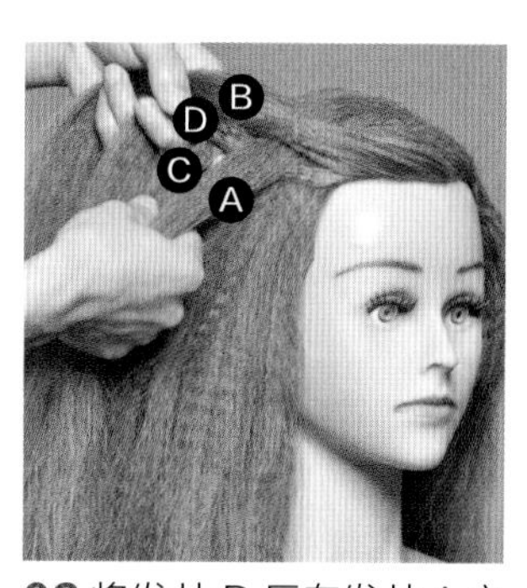

03 将发片 D 压在发片 A 之下，发片 C 之上。

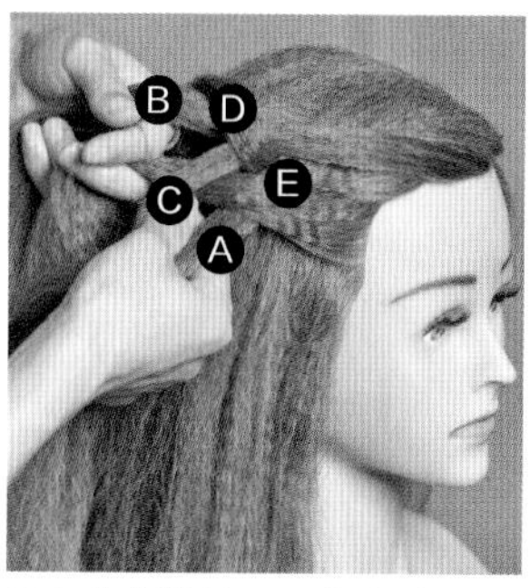

04 分出发片 E，将发片 E 压在发片 A 之上，发片 C 之下。

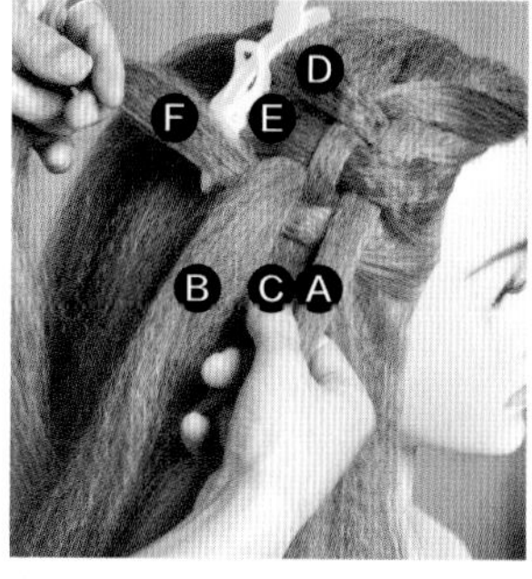

05 分出发片 F，将发片 F 压在发片 A 之下，发片 C 之上，发片 B 之下。

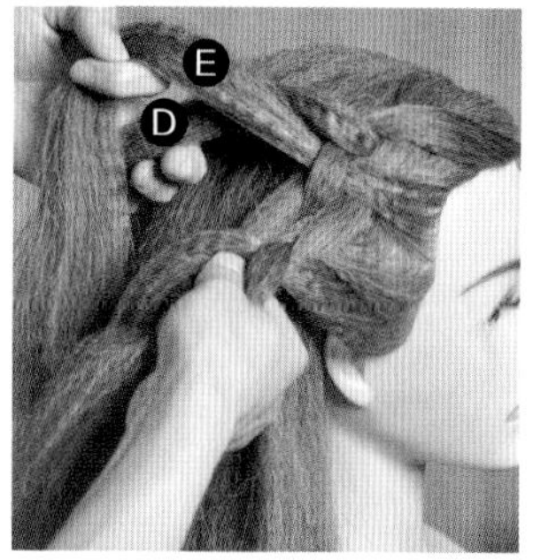

06 将发片D压在发片E之下。

07 将左右发片依次上下穿插，进行编辫。

08 以重复的手法编至发尾。

09 将发辫向左侧枕骨下方提拉并固定。

10 将右侧耳下方的头发以同样的手法进行千股编辫。

11 将发辫提拉并固定在枕骨下方。

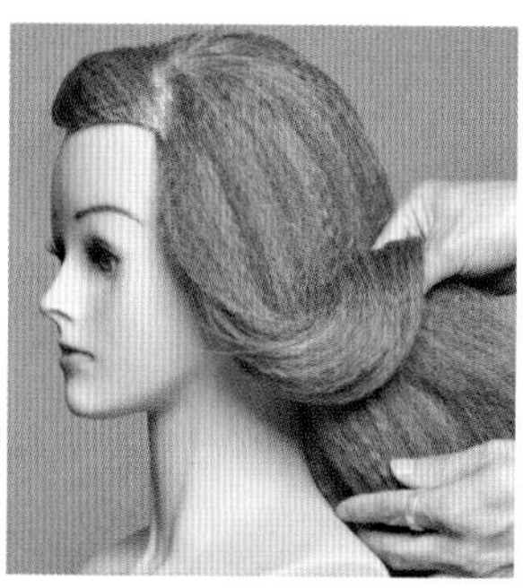

12 取左侧区的头发，外翻拧转并固定。

13 继续取后发区左侧的头发，外翻拧转并固定。

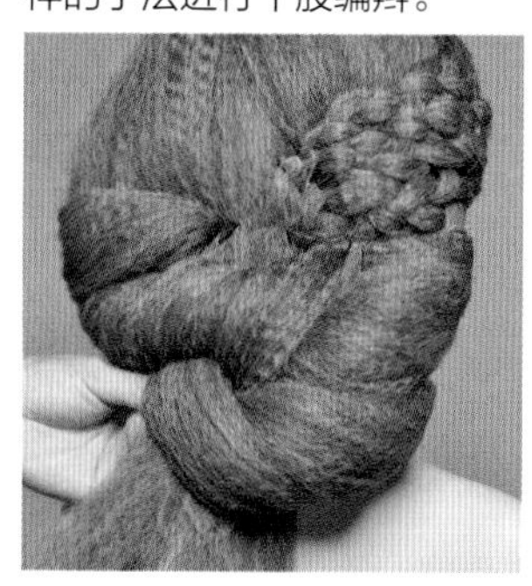

14 将右侧区的头发外翻拧转并固定，依次由右向左行拧转，与左侧发髻衔接并固定。

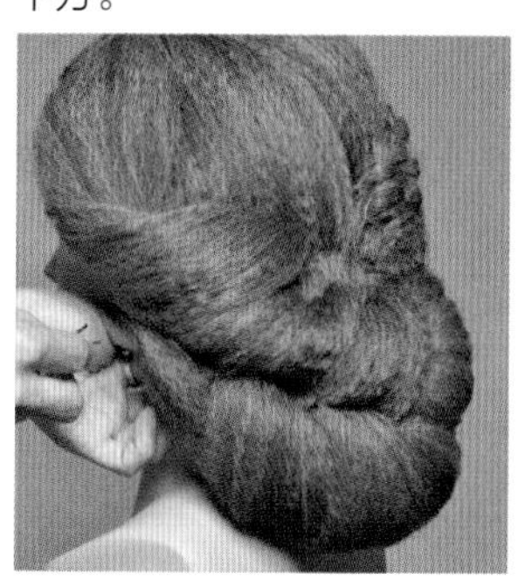

15 将发尾依次拧转收起。

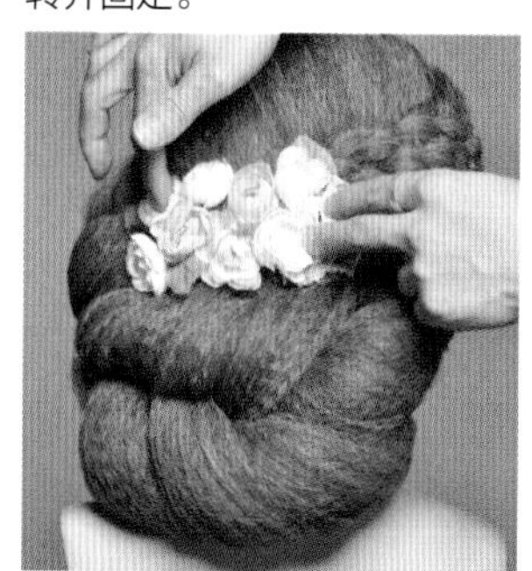

16 佩戴头饰，点缀造型。

束马尾 + 卷筒 + 拧转

光洁的卷筒组合盘发搭配皇冠，使发型凸显新娘时尚精致的优雅气质。

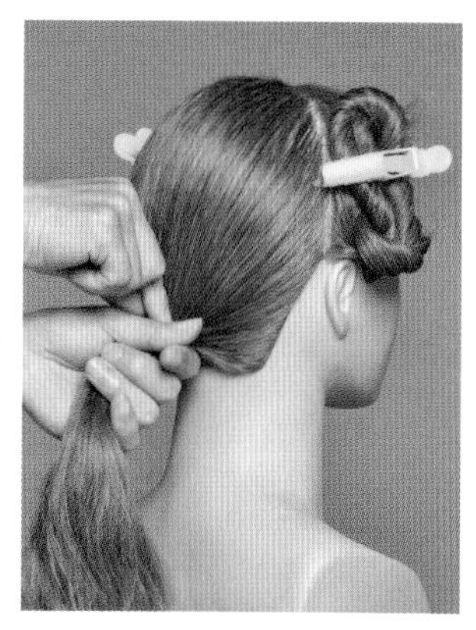

01 将头发分为刘海区及后发区，将后发区的头发束低马尾。

02 在马尾中取一束发片，向上做卷筒并固定。

03 继续进行第二个卷筒的处理，并将其固定。

04 将剩余的发片向上做卷筒并固定。

05 将发尾做卷筒后，固定并盘起。

06 取左侧区头发，将其向后发髻处提拉，拧转并固定。

07 将发尾做卷筒后固定。

08 将剩余的尾端做卷筒，收起并固定。

09 取右侧区头发，将其向上拧转并固定。

10 将发尾做卷筒，收起并固定，与后发髻自然衔接。

11 在后发区佩戴头饰，点缀发型。

12 在顶区佩戴皇冠。

玉米烫 + 瀑布编辫 + 环扣编辫 + 两股拧绳

外扩式的对称编发发型搭配顶区的花冠，整体发型凸显出新娘甜美清新的可人气质。

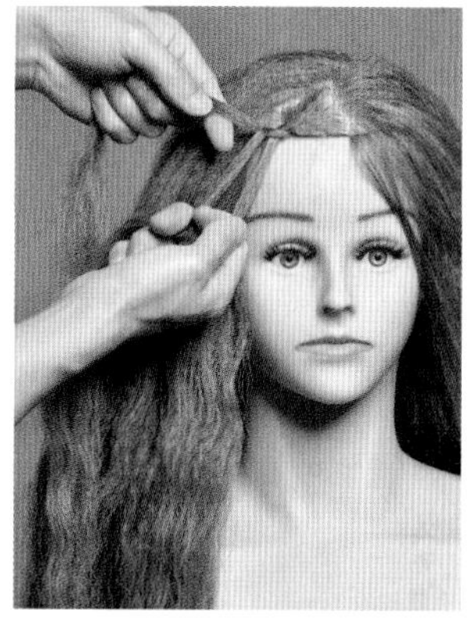

01 将所有头发进行玉米烫后，在前额处取三股均等的发片，进行三股编辫，并将最外侧的发片留出。

02 将剩余的两股发片拧绳，沿着边缘再取一束发片，并将其续入。

03 继续拧绳，并将续入的发片留出。

04 用相同的手法向后发区进行操作。

05 处理至后发区的左侧，下卡子固定发尾。

06 将留出的最右端的发尾的两个发片打结，将两股发尾合二为一。

07 将合并的发尾与后方的第二束留出的发尾继续打结，使其形成环扣打结手法。

08 继续用相同的手法操作至左侧尾端，下卡子固定。

09 取右侧头发，进行两股拧绳处理。

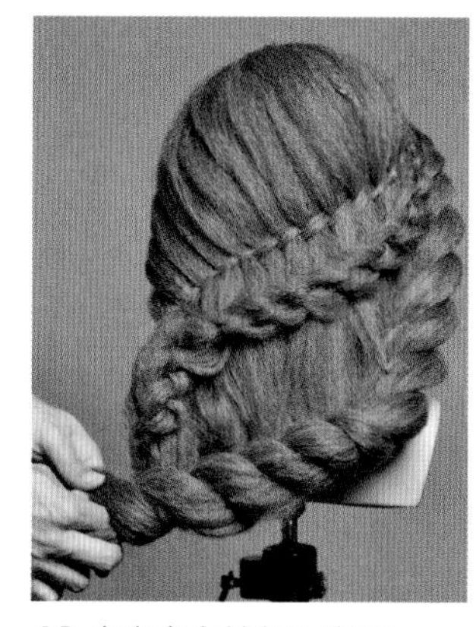

10 由右向左拧绳至发尾。

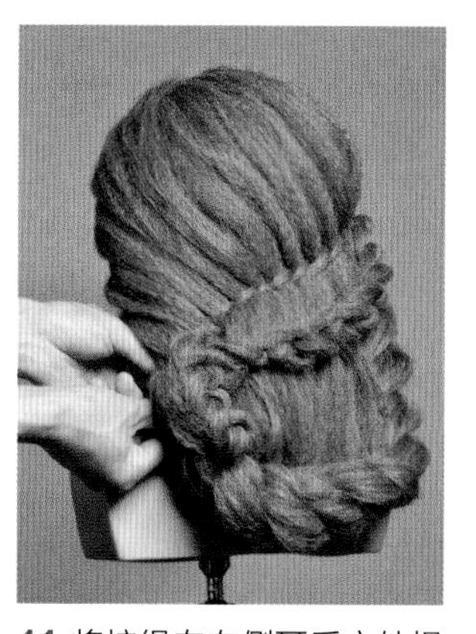

11 将拧绳向左侧耳后方处提拉并固定。

12 佩戴头饰，点缀发型。

玉米烫 + 束马尾 + 三股编辫 + 鱼骨编辫

双花朵发髻结合纹理清晰的编发搭配头饰，使发型凸显新娘含蓄娴静的气质。

01 将所有的头发进行玉米烫之后，将顶区的头发束马尾。

02 取发尾的一束头发，进行三股编辫。

03 拉扯发辫边缘。

04 将发尾末端向内盘转。

05 打造成花瓣状发髻后，将其固定。

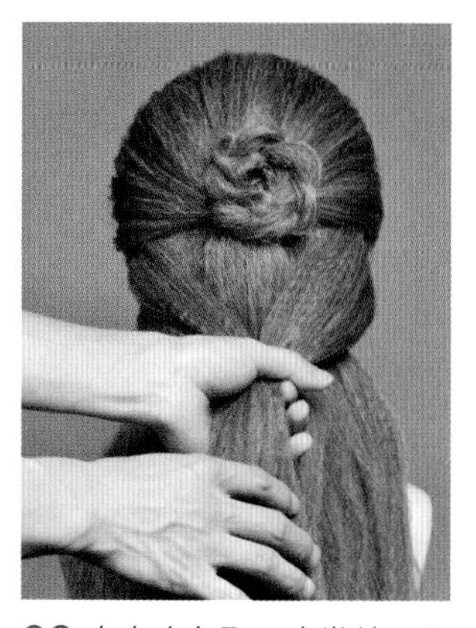
06 在左右各取一束发片，用皮筋固定。

07 用相同的手法打造第二朵花瓣发髻。

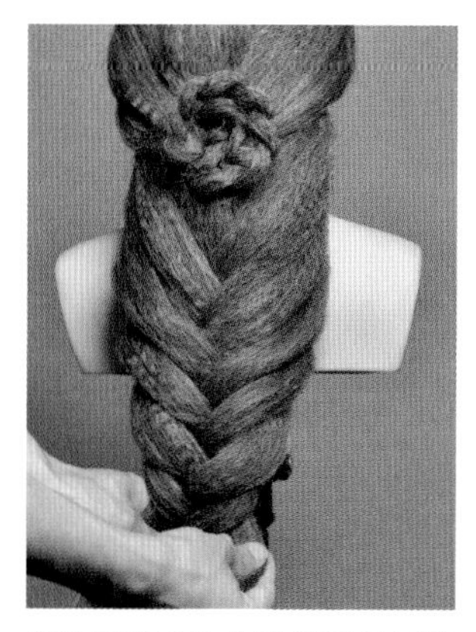
08 对剩余的头发进行鱼骨编辫至发尾。

09 将尾端用皮筋固定，将发尾向内收起并固定。

10 在花瓣发髻中部点缀碎花饰品。

11 佩戴头饰，点缀发型。

12 发型完成效果图。

玉米烫 + 束马尾 + 卷筒

层叠有序的续发马尾轮廓清晰而饱满，其尾端利用卷筒手法收尾，搭配头饰，使发型凸显新娘时尚婉约的气质。

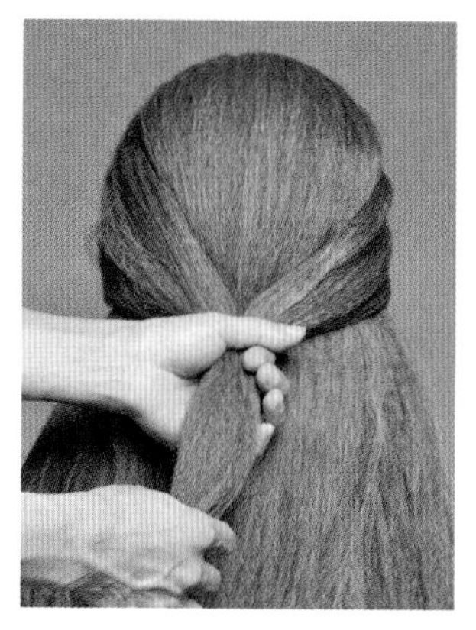

01 将所有头发进行玉米烫后，取左右各一束发片，用皮筋捆绑固定。

02 将发尾向内穿入马尾。

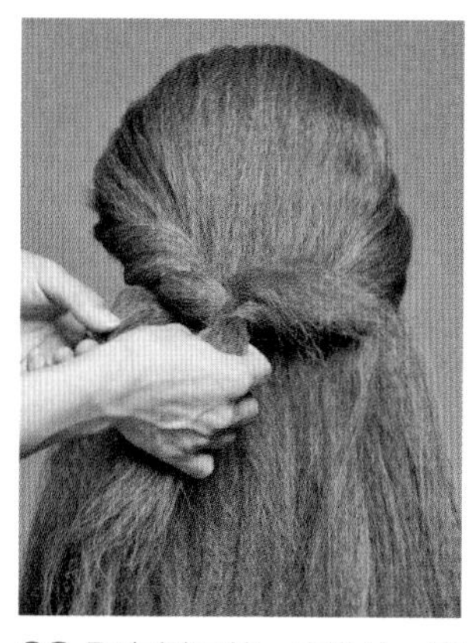

03 取左侧区的一束发片，穿入马尾左侧。

04 在左侧区再取一束发片，穿入马尾左侧。

05 对右侧区的头发用相同的手法进行操作。

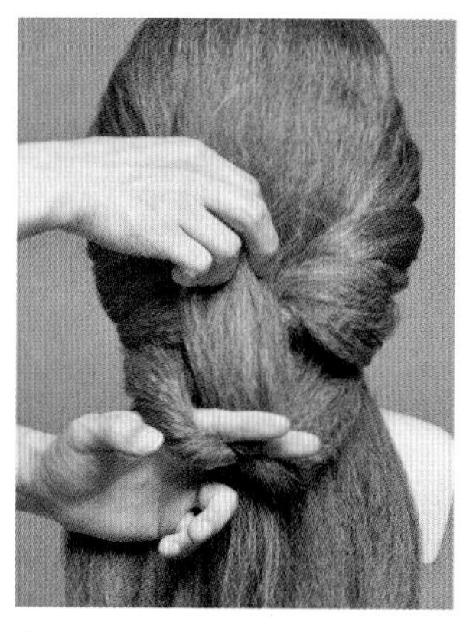

06 继续取左右侧区的发片，用皮筋捆绑,将发尾穿入马尾。

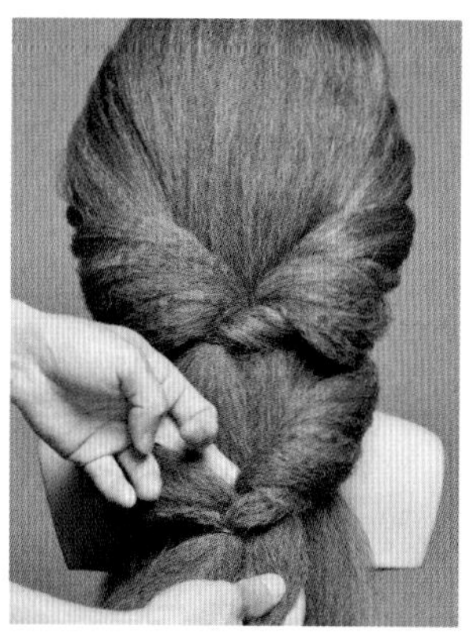

07 左右同上，各穿入均等的发片。

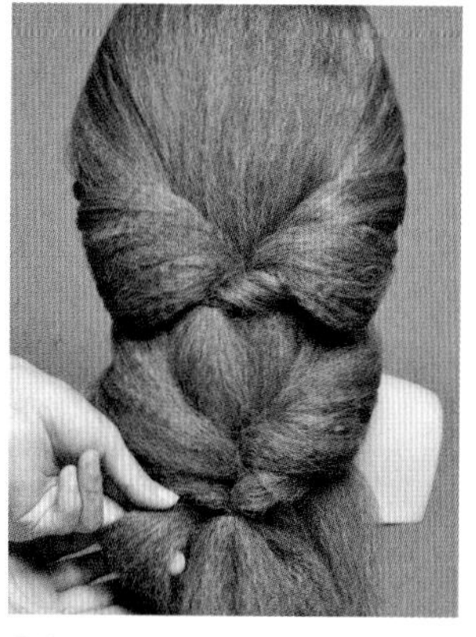

08 取左侧区剩余的发片，做卷筒并固定。

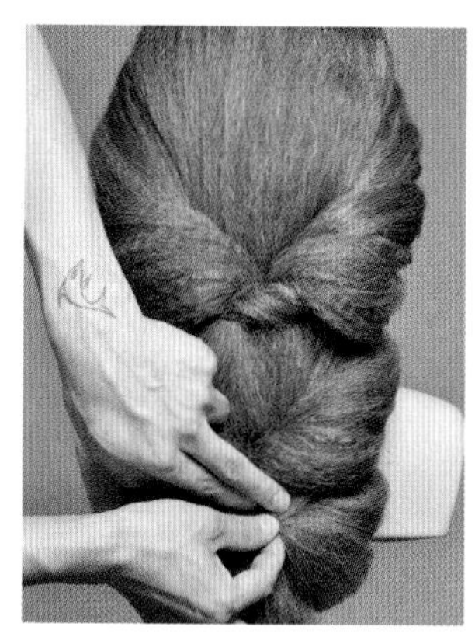

09 将右侧区剩余的发片做卷筒并固定。

10 将中部的发片向上对折并固定。

11 佩戴头饰，点缀发型。

12 发型完成效果图。

玉米烫 + 铜钱辫 + 两股拧绳 + 拧转

偏侧的铜钱编发别致而又有个性，结合连续拧转的卷筒组合，再搭配绢花，使发型凸显新娘复古别致的高贵气质。

01 取一束发片 A，用丝带捆绑。（丝带分为 D、F 两段。）

02 在发片 A 的左右两侧各取一束发片 B 和 C。

03 将发片 B 压在发片 A 上。

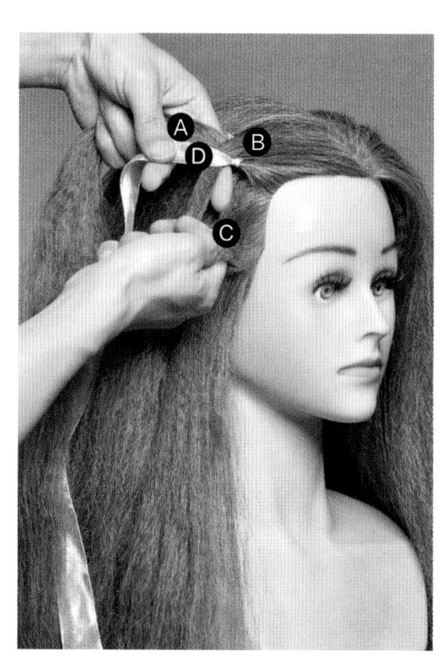

04 将丝带 D 压在发片 B 上。

05 将发片 C 压在发片 B 上。

06 将丝带 F 压在丝带 D 上。

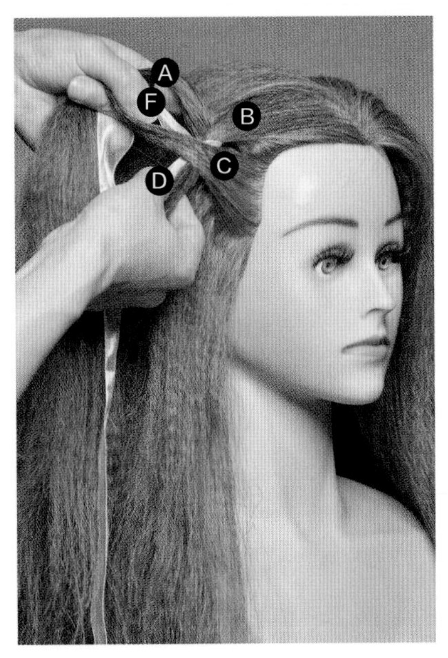

07 将发片 C 放在丝带 F 之下。

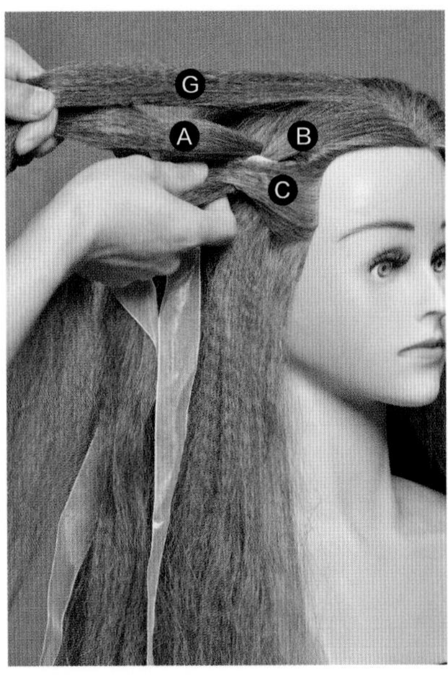

08 在左侧续入一束新发片 G。

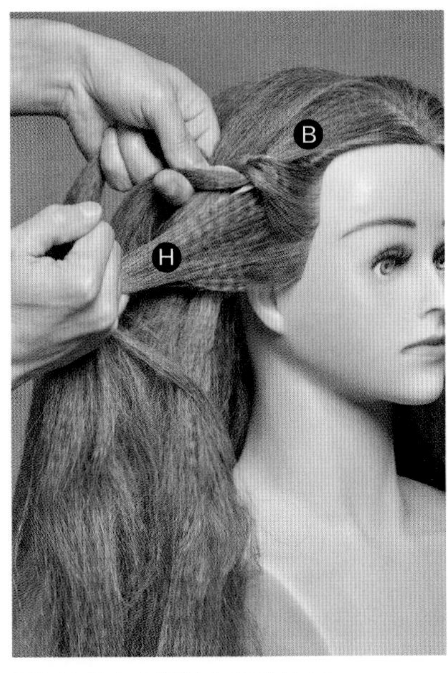

09 接着在右侧续入新发片 H。

10 按同样的手法依次操作至发尾。

11 拉扯发髻边缘，并将其固定在后发区的右侧。

12 将后发区的头发进行两股拧绳至发尾，固定在左侧。

13 取顶区一束发片，拧转后固定。

14 将拧转的发尾再连续拧转，将其固定并收起。

15 继续取一束发片，用相同的手法操作。

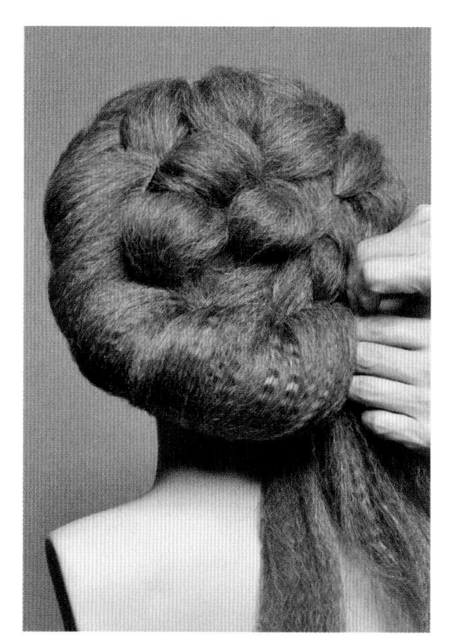

16 将左侧的头发由下向上、由左向右外翻拧转后固定。

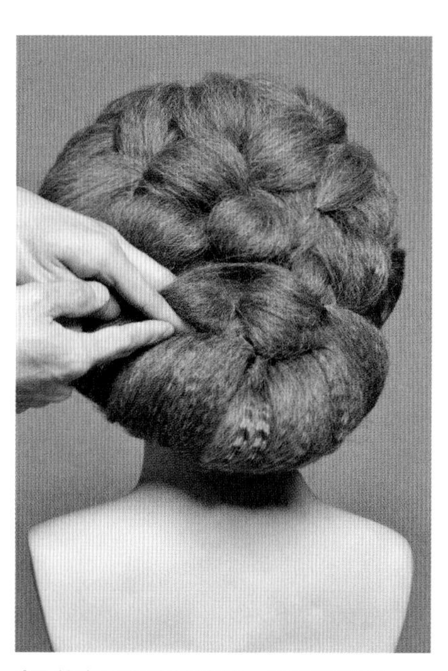

17 将发尾做连续拧转，收起并固定。

18 在后发髻处佩戴碎花，点缀发型，使发型更有层次感。

拧包 + 手推花 + 两股拧绳

顶区高耸的手推花蓬松而饱满，结合拧绳发辫的组合，再搭配绢花，可以轻松打造新娘俏丽甜美的风格。

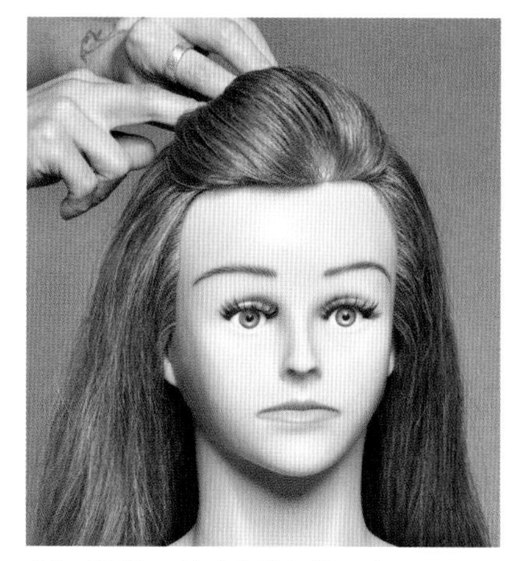

01 对刘海区的头发拧包并固定。

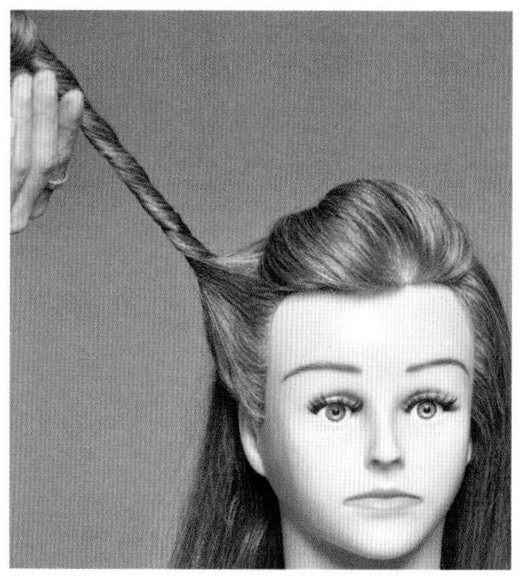

02 取右侧的头发，将其进行拧绳处理。

03 拉扯拧绳边缘。

04 将拧绳做手推花，并将其固定在顶区。

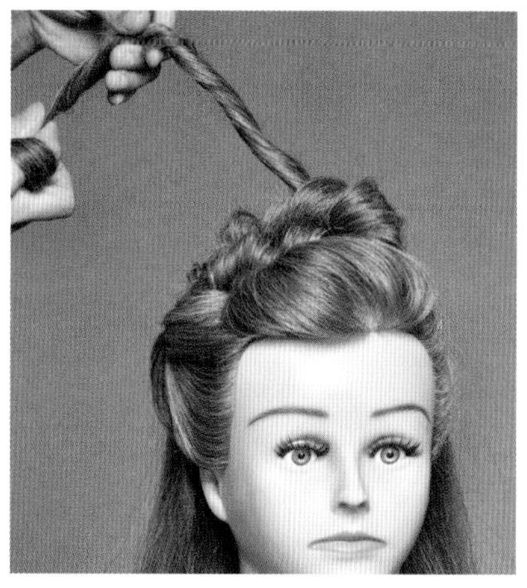

05 取左侧的头发，用相同的手法操作。

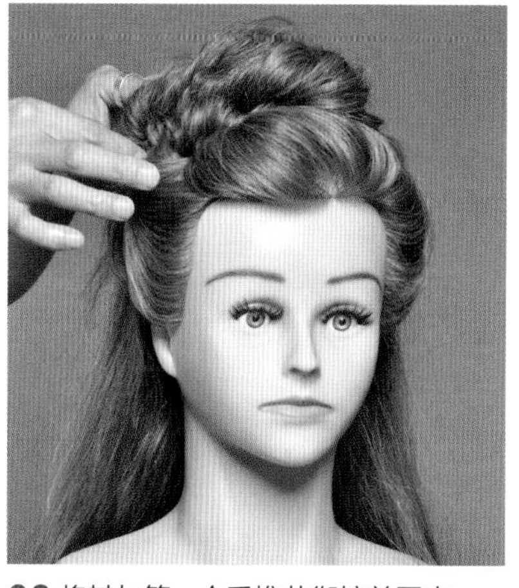

06 将其与第一个手推花衔接并固定。

07 将后发区剩余的头发进行两股拧绳。

08 将拧绳向上提拉并固定在顶区，将右侧发髻向上提拉，与拧绳衔接为一体。

09 佩戴头饰，点缀发型。

02 百变编发手法案例解析

森女 S 辫

01 在顶区偏左处取一束发片。

02 将其分为三个发片，分别为 A、B、C。发片 A 和发片 C 是等量的。

03 将发片A压在发片B之上。

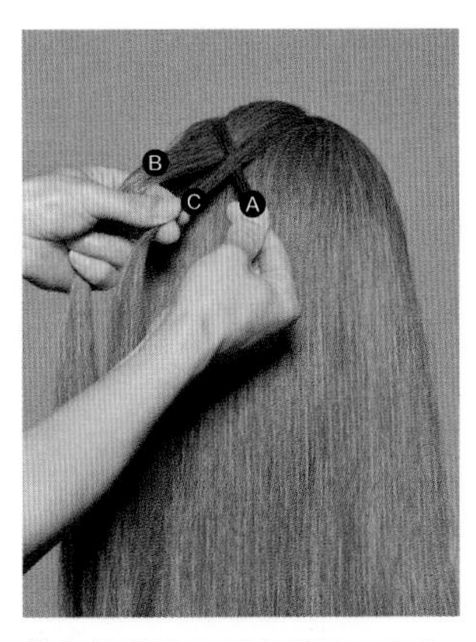

04 将发片C压在发片A之上。

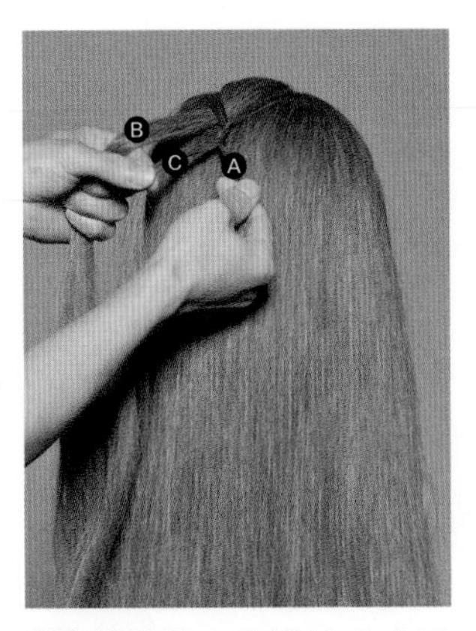

05 将发片 A 和发片 C 交叉拧转两圈。

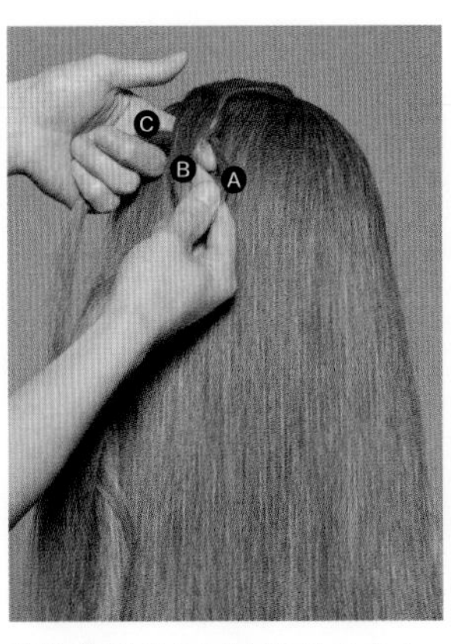

06 将发片B压在发片C之上。

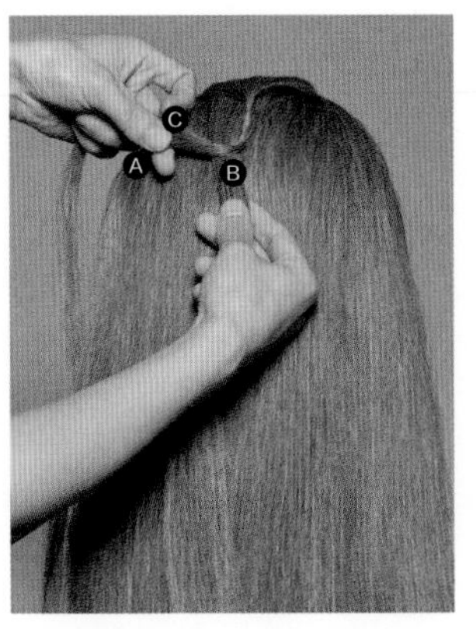

07 将发片 A 向左压在发片 B 之上。

08 将发片C压在发片A之上。

09 将发片 C 和发片 A 交叉拧转两圈。

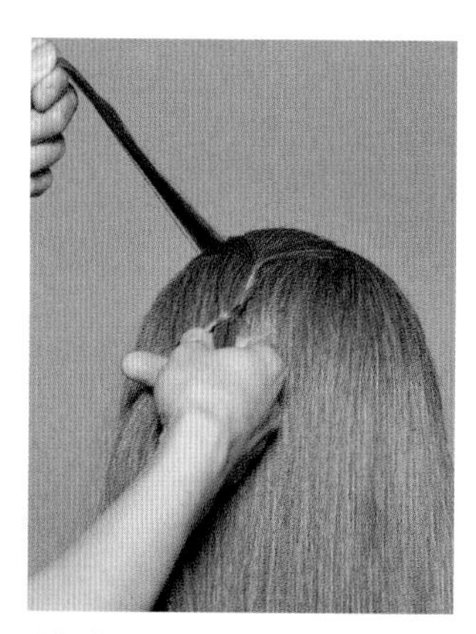

10 在左侧区取一束新发片。

11 将新取的发片与之前的发片 C 合并，将发片 B 压在发片 C 之上。

12 将发片 A 与发片 B 交叉拧转两圈。

13 在右侧区取一束新发片。

14 将新发片与发片 A 合并。

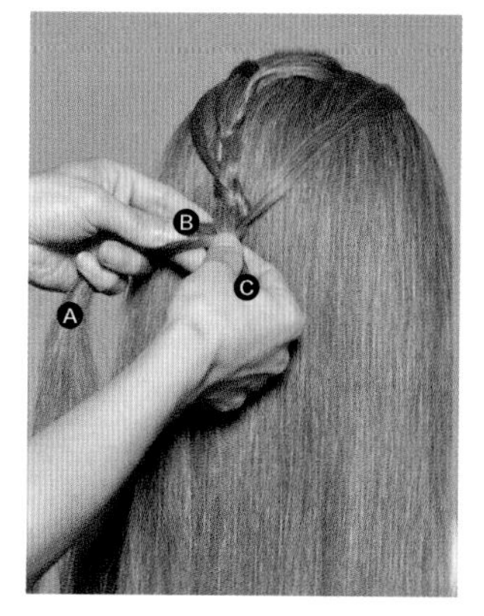

15 将发片 B 与发片 C 交叉拧转两圈。

16 每操作好一个发结，都要将发结向上轻轻推送，使其轮廓更明显清晰。

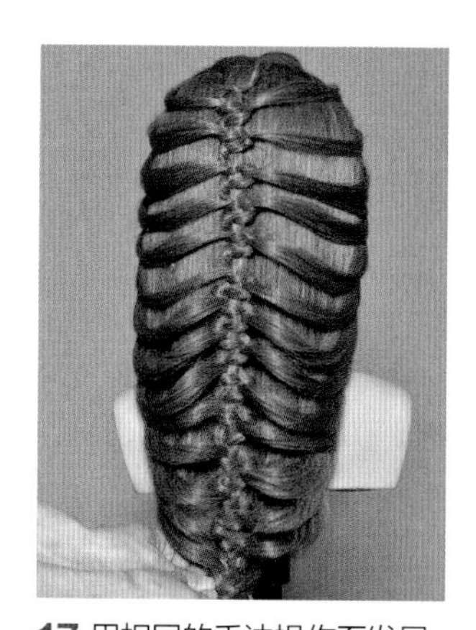

17 用相同的手法操作至发尾。

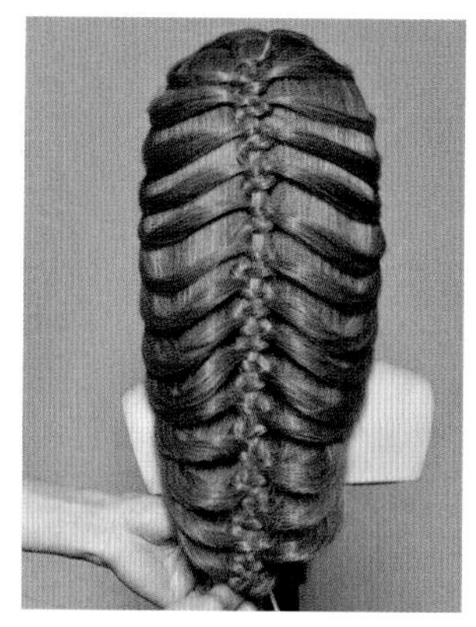

18 将发尾用皮筋固定后，向内收起并固定。

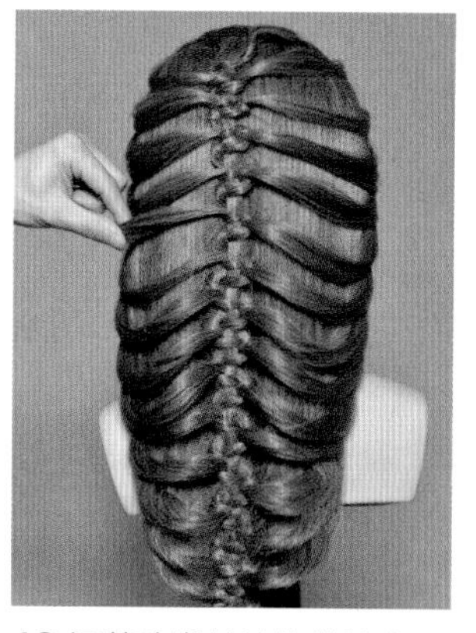

19 调整头发的边缘的轮廓。

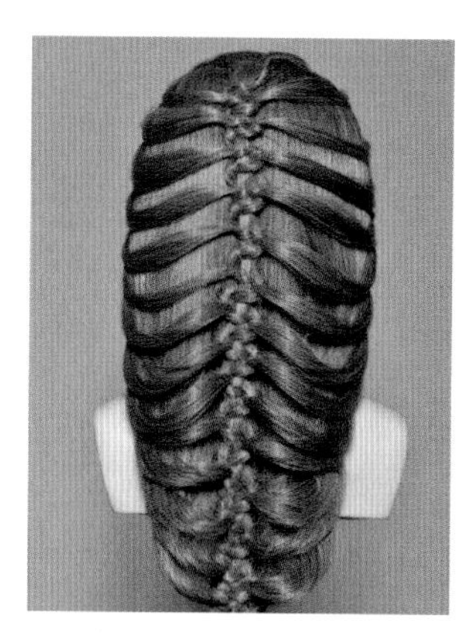

20 森女 S 辫完成效果图。

锁链编辫

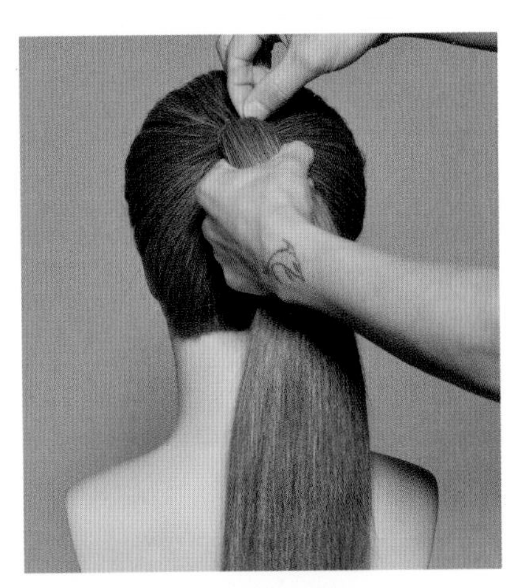

01 将所有的头发束高马尾。

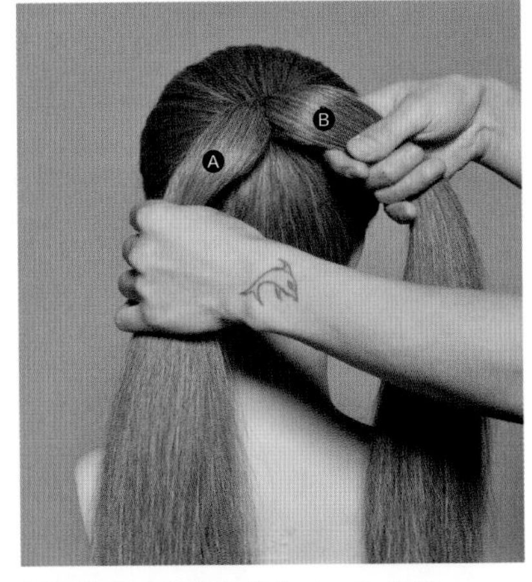

02 将马尾向左右分为 A、B 发片。

03 将 A、B 发片分别向上下分出 A1、A2 及 B1、B2 发片。

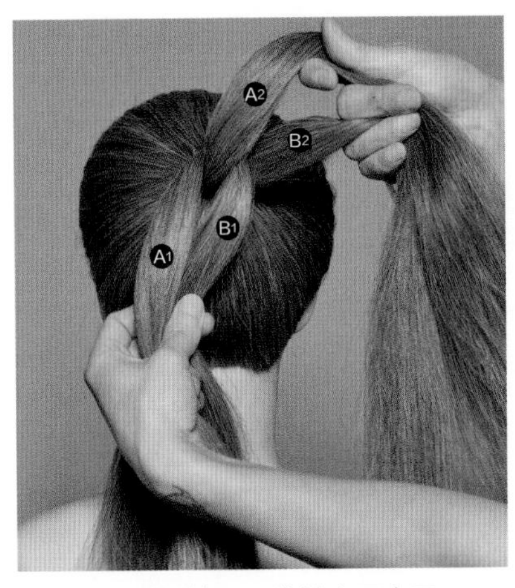

04 将 A2 发片与 B1 发片上下交叉。

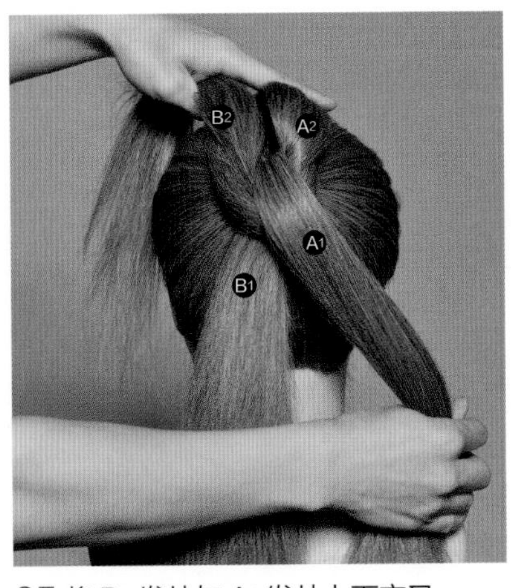

05 将 B2 发片与 A1 发片上下交叉。

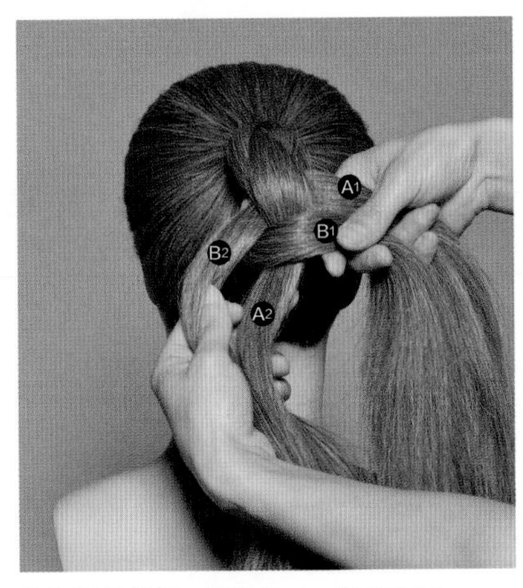

06 继续将 B1 发片与 A2 发片交叉。

07 同上，继续将 A1 发片与 B2 发片交叉。

08 依次用相同的手法操作至发尾，调整发辫边缘的轮廓。

09 锁链编辫完成效果图。

四面鱼骨编辫

01 将所有的头发束高马尾。

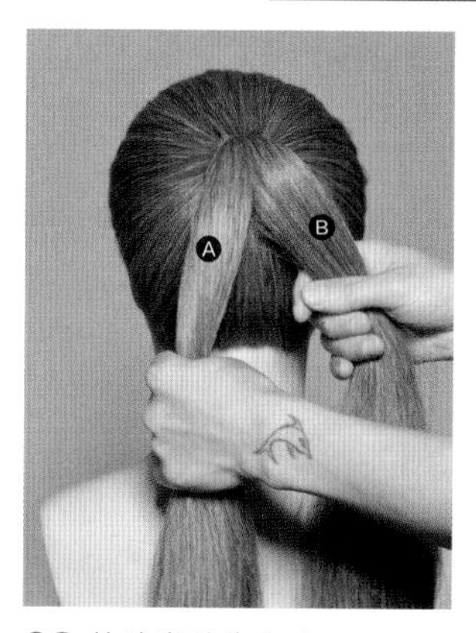

02 将头发分为左右 A、B 两个发片。

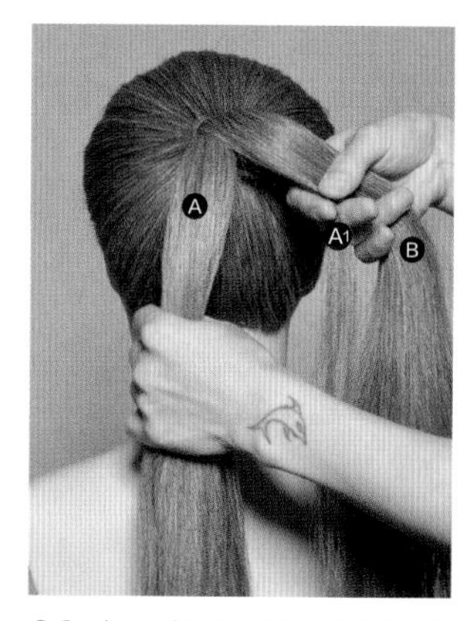

03 在 A 发片中取一束发片为 A_1，续入 B 发片。

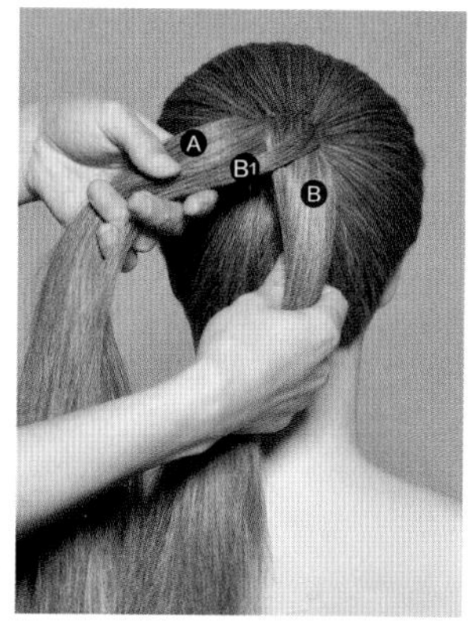

04 在 B 发片中取一束发片为 B_1，续入 A 发片。

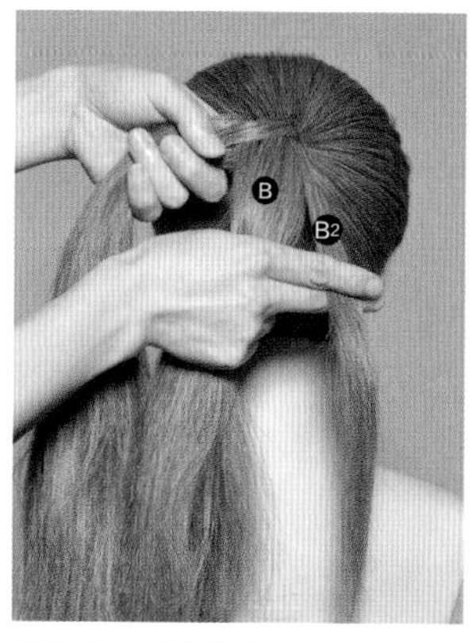

05 在 B 发片中取一束发片为 B_2。

06 将 B_2 穿过 B 发片下方，与 A 发片合并。

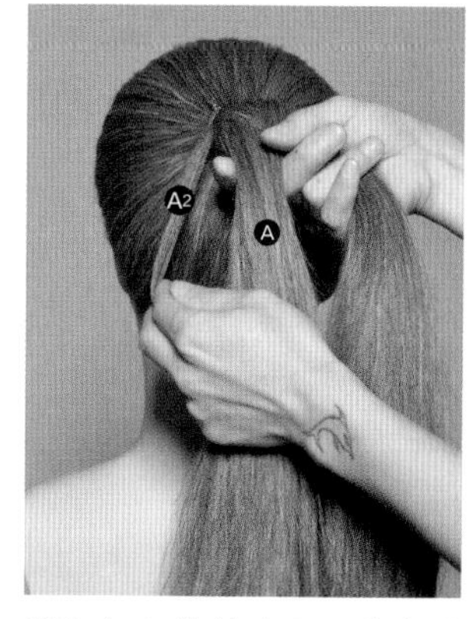

07 在 A 发片中取一束发片为 A_2。

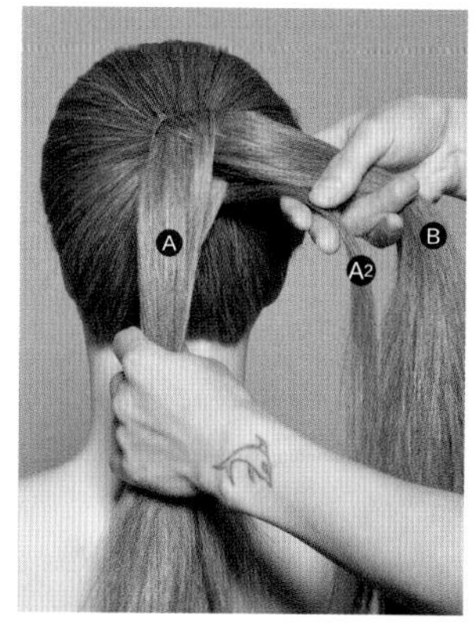

08 将 A_2 发片穿过 A 发片下方与 B 发片合并。

09 依次重复上面的手法操作至中部后，抽拉边缘头发。

10 以同样的手法依次操作至发尾，用皮筋固定。

11 四面鱼骨编辫完成效果图。

瀑布反三股编辫

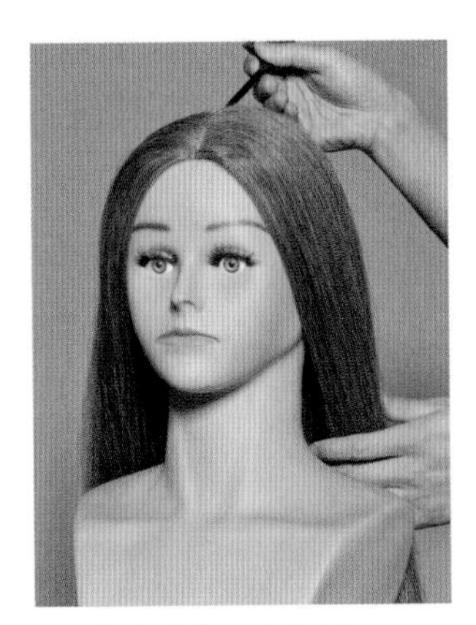

01 将头发做中分分区。

02 取左侧顶区的一束发片。

03 将发片分为左右均等的两束发片，进行拧绳处理。

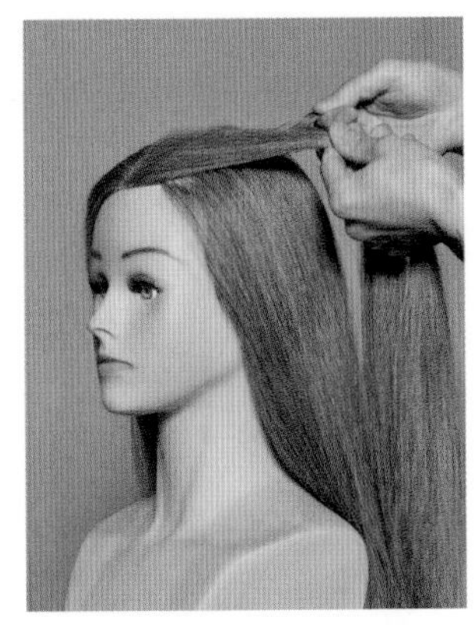

04 取左侧前额处的一束发片。

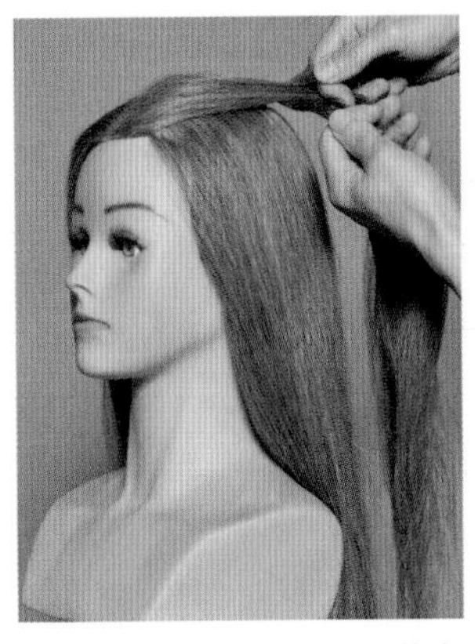

05 续入两股发片之中，将发尾留出。

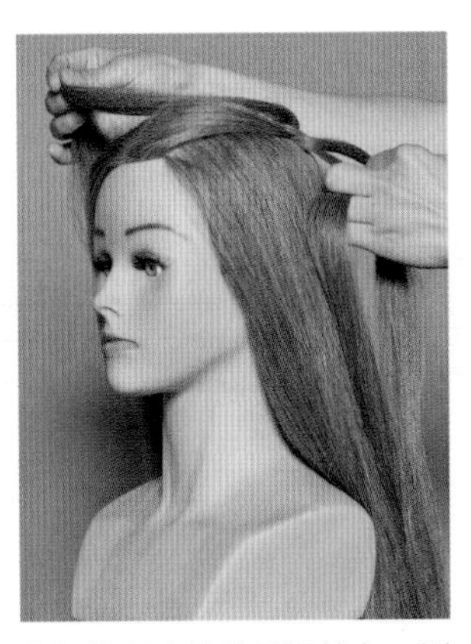

06 将留出的发尾摆放在一侧留用。

07 继续将两股发片进行两股拧绳处理。

08 取左侧前额处的一束发片。

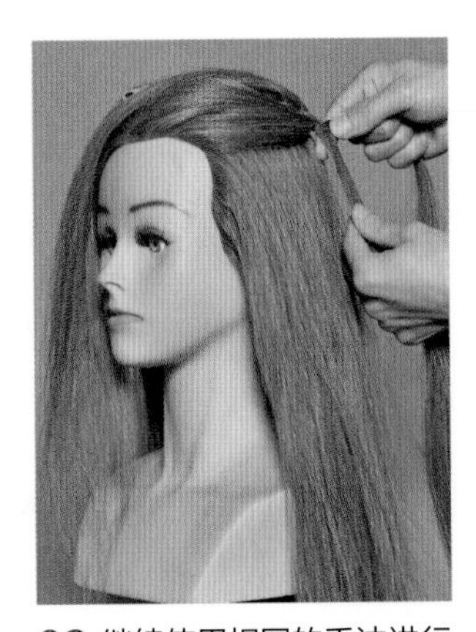

09 继续使用相同的手法进行操作。

10 用相同的手法操作至后发区左耳下方。

11 用卡子将发尾暂时固定。

12 将右侧区的头发用相同的手法进行操作。

13 取瀑布辫开始预留的左右两侧的第一束发尾，将其左右交叉。

14 取右侧第二束发尾，将其放在左侧第一束发片之下。

15 取左侧第二束发片，将其压在右侧第一束发片之上，放在右侧第二束发片之下。

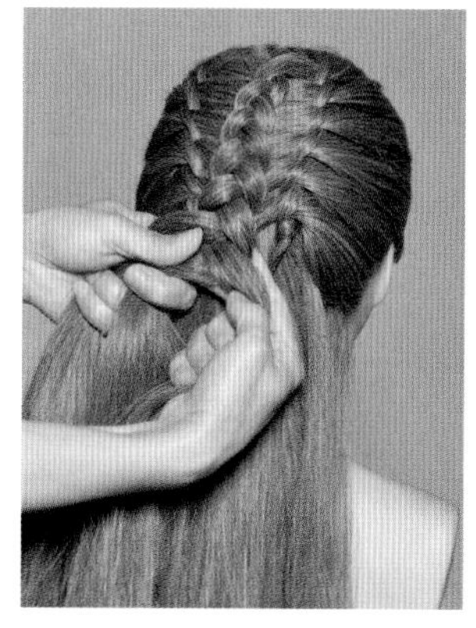

16 用相同的手法进行操作，直至将瀑布发尾全部编入。

17 将发辫边缘抽拉出轮廓。

18 将之前固定的黑卡子取出。

19 继续用相同的手法，将左右两侧的头发分出均等的发片后，进行编辫处理。

20 抽拉发辫边缘的头发。

21 用皮筋固定发尾。

22 用瀑布反三股编辫手法完成的效果图。

内三股花式编辫

01 取顶区的一束发片。

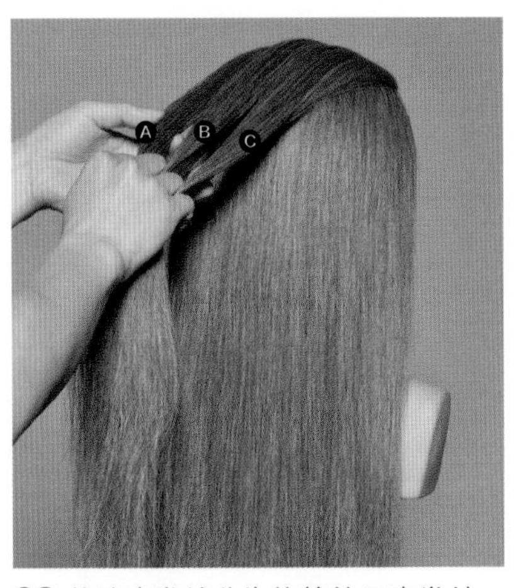

02 将这束发片分为均等的三束发片，分别为 A、B、C。

03 将发片 A 压在发片 B 之上。

04 将发片 C 压在发片 A 之上，放在发片 B 之下。

05 从左侧区取一束新发片，并将其与发片 B 合并。

06 从右侧区取一束新发片，并将其与发片 A 合并。

07 继续用相同的手法进行操作。

08 将左侧续入的发片留出一束发片。

09 将留出的发片用鸭嘴夹固定并备用。从左侧区再取出一束新发片，将其续入发辫中。

10 在右侧同样留出一束发片备用。

11 在右侧续入一束新的发片。

12 继续进行三股编辫，编出一个发结。

13 在左侧取出一束发片。

14 将留出的发片由内侧向上提拉，用鸭嘴夹固定备用。

15 放下留出的第一束发片，与左侧发片进行续入编辫。

16 右侧以相同的手法进行操作，同样留出一束发片。

17 由内向上提拉后，用鸭嘴夹固定备用，并将第一束留出的发片放下，与右侧发辫合并续入编辫。

18 用相同的手法操作至颈部。

19 将左右两侧的发片进行抽拉处理，使其形成清晰的轮廓。

20 继续用相同的手法进行操作，在边缘留出一束发片。

21 将发片由下向上提拉，将其固定备用。

22 用相同的手法处理右侧的头发。

23 将留出的发片由下向上提拉，将其固定备用。

24 用相同的手法操作至发尾。

25 将两侧续入的发片进行抽拉处理。

26 将发尾用皮筋固定后，调整发辫的轮廓。

27 内三股花式编辫完成效果图。

外三股花式编辫

01 取顶区的一束发片。

02 将其分为均等的三个发片，分别为A、B、C。

03 将发片 A 压在发片 B 之上。

04 将发片 C 压在发片 A 之上，放在发片 B 之下。

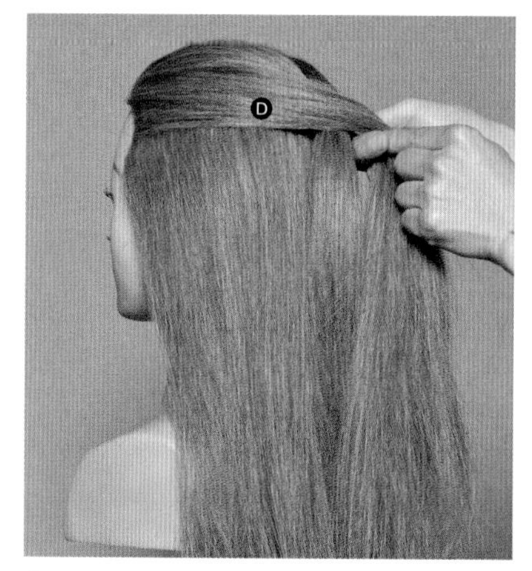

05 取左侧区的一束新发片 D，与发片 B 合并。

06 取右侧区的一束新发片 E，与发片 A 合并。

07 继续用相同的手法进行操作。

08 在左侧区续入的发片中留出一束发片。

09 将留出的发片用鸭嘴夹固定，以备用。从左侧区再取一束新发片并将其续入。

10 右侧同样留出一束发片备用。

11 从右侧区取一束新发片，续入发辫中。

12 继续进行三股编辫，编出一个发结。

13 在左侧区取出一束发片。

14 将留出的发片向外用鸭嘴夹固定，并将之前留出的发片放下。

15 将第一处留出的发片编入发辫之中。

16 在左侧区取一束新发片，继续进行续发编辫。

17 同样取右侧区的一束发片。

18 由下向上用鸭嘴夹固定。

19 将预留的发片编入发辫之中。

20 在右侧区取一束新发片，将其进行续发编辫。

21 用相同的手法进行操作。

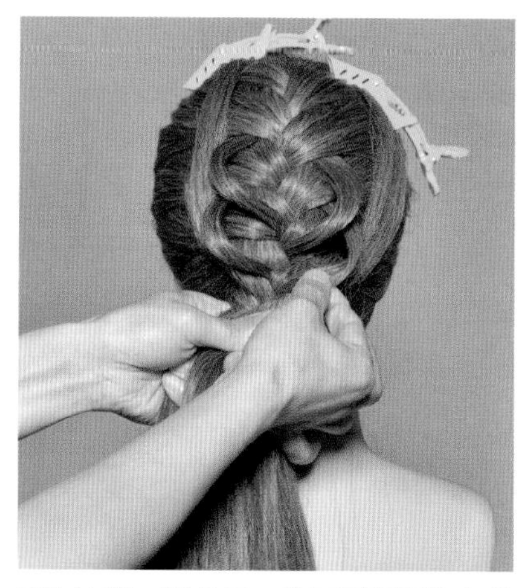

22 处理一部分后，将两侧预留编入的发片进行抽拉处理，使其纹理清晰。

23 继续用相同的手法操作至发尾。

24 抽拉两侧的发片，使其轮廓协调一致。

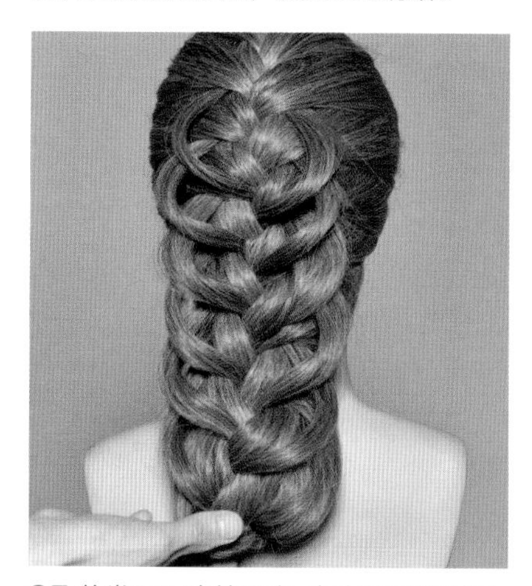

25 将发尾用皮筋固定，向内拧转并固定。

26 调整发辫的边缘轮廓。

27 外三股花式编辫完成效果图。

03 饰品制作

欧根纱层叠花朵饰品

01 准备好所需材料和工具。

02 将欧根纱裁剪成长条状。

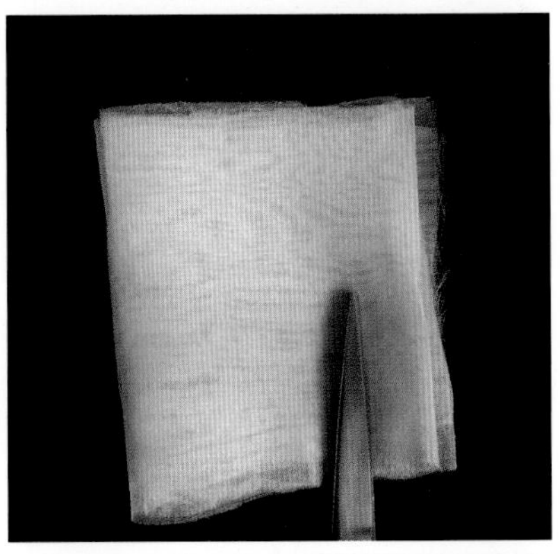

03 将长条状的欧根纱对折，剪出正方形的纱片。

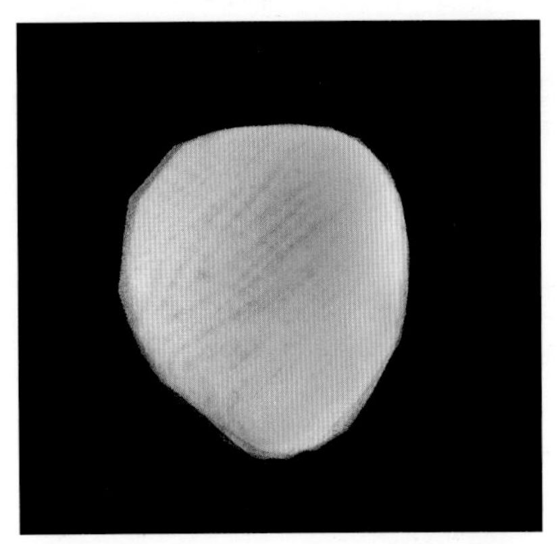

04 修剪纱片边缘，使其形成不规则的圆形。

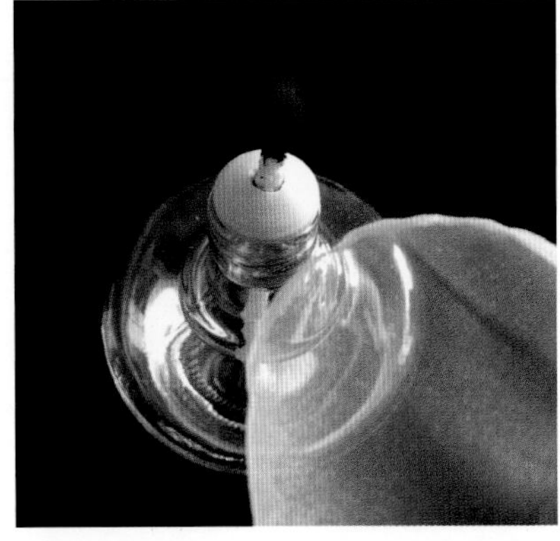

05 取酒精灯，将纱片的边缘进行收边处理。

06 将所有纱片用相同的手法进行处理。

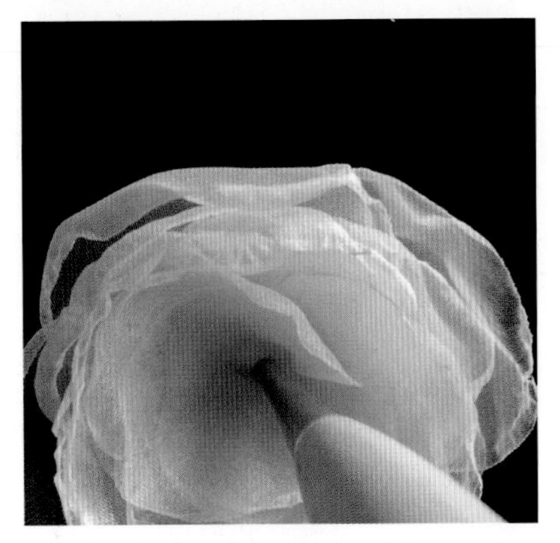

07 将纱片有层次地叠加，用胶枪固定。

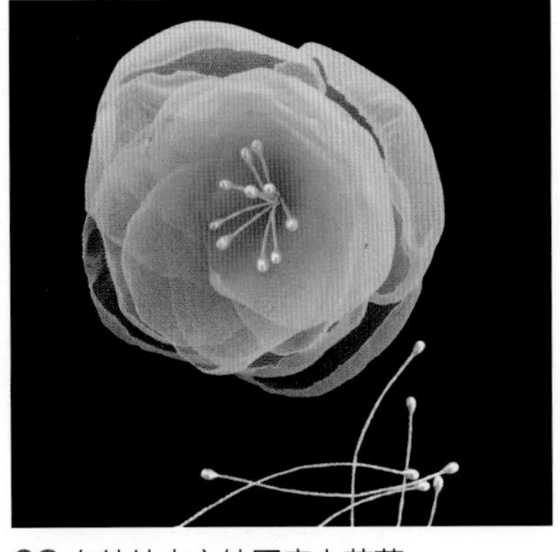

08 在纱片中心处固定上花蕊。

09 用相同的手法打造剩余的花朵。

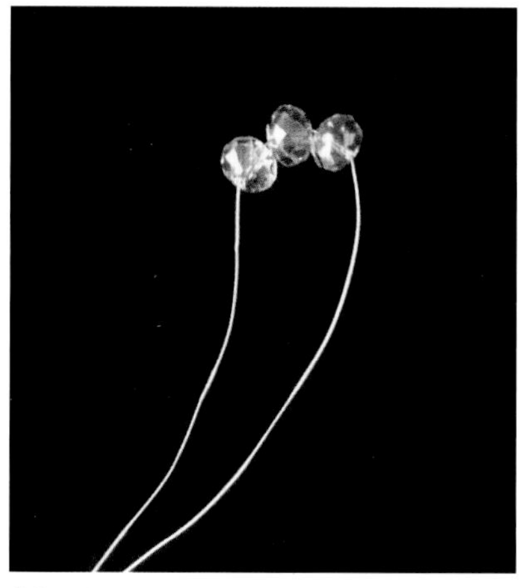

10 取铜丝，穿入三颗珠子，拧转并塑形。

11 在珠子的左右两侧各穿入一款珍珠，拧转并塑形。

12 用相同的手法操作，注意珠子之间的间距与形状。

13 将做好的花朵用铜丝捆绑固定。

14 用胶枪在接头处固定。

15 固定好花朵后，继续左右串珠。

16 在串珠的中部位置固定上花朵后，继续左右串珠。

17 在花饰尾端进行有层次的串珠操作，珠子之间的间距不可太近，要有灵动感。

18 饰品完成效果图。

欧根纱五瓣花网纱饰品

01 准备所需材料和工具。

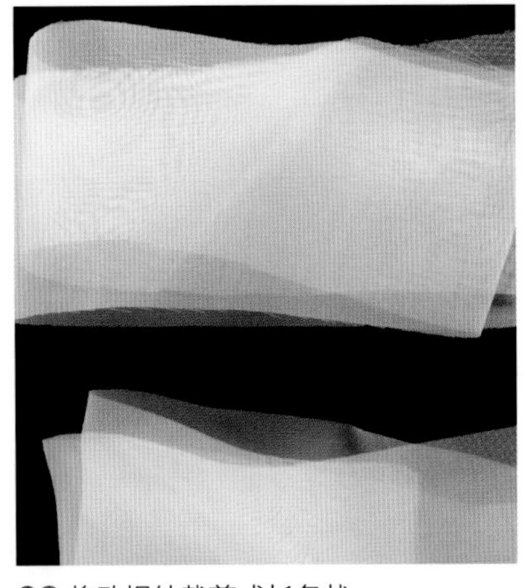

02 将欧根纱裁剪成长条状。

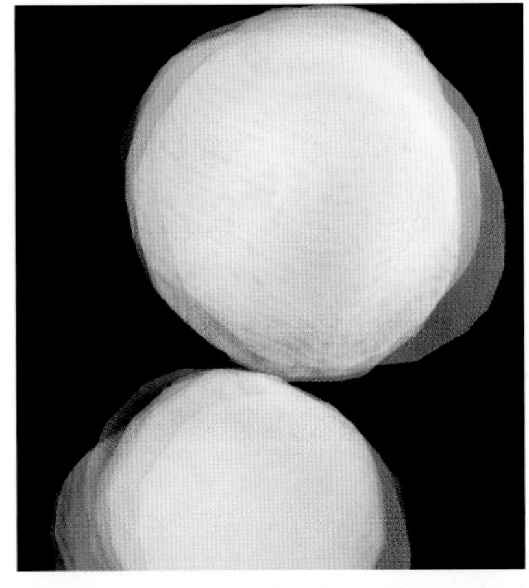

03 将长条状欧根纱对折，剪出正方形的纱片后，修剪出圆形轮廓。

04 取酒精灯，将纱片的边缘进行收边处理。

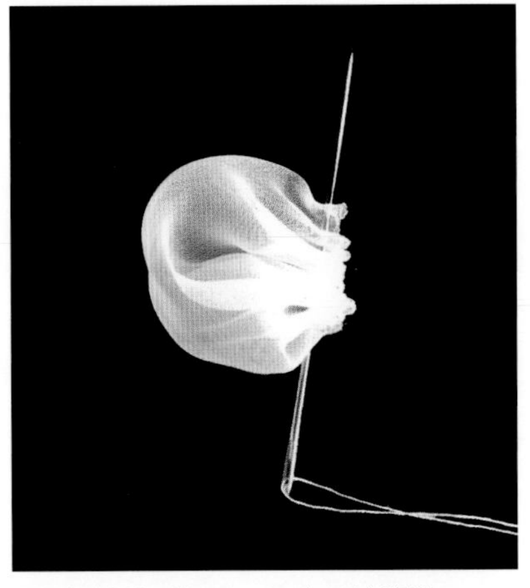

05 将纱片对折后，用大号针缝接。

06 继续取纱片，将其对折缝接。

07 缝接上五个花瓣。

08 将线拉紧并将五个花瓣合并，缝接出花朵形状。

09 取花蕊材料。

10 在缝好的花朵上再缝一层花朵，并将花蕊对折，穿入花朵中间处。

11 在花朵顶部用胶枪固定。

12 用相同的手法做出数个花朵。

13 用铜丝将花朵捆绑并固定。

14 依次将花朵由大到小从中间向两侧延伸摆放并固定。

15 将花朵顶部用胶枪固定。

16 花朵的大小排列及间距可根据所需效果来确定。

17 将大网纱在花朵顶部用胶枪衔接固定。

18 饰品完成效果图。

羽毛珠链饰品

01 准备好所需材料和工具。

02 将羽毛排列出扇形轮廓，取珠片作为顶托，用胶枪固定。

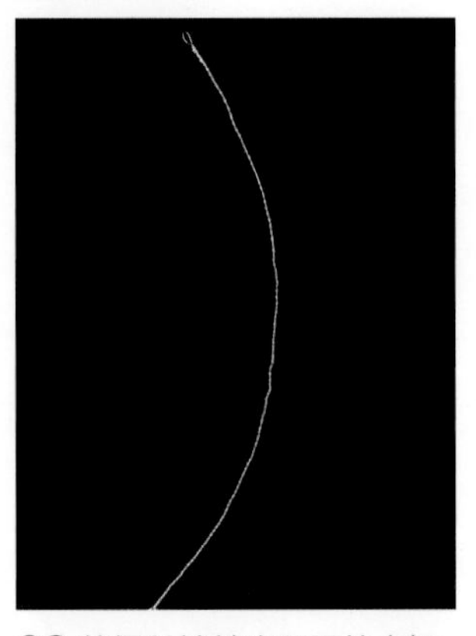

03 将铜丝拧转出所需的支架。

04 用铜丝穿入花片，并在花片中间穿入黑色珠子做花蕊。

05 将花片顶部用鸭嘴钳拧紧。

06 在右侧的铜丝上穿入黑色珠子。

07 将穿入的黑色珠子缠绕中间的珠子，将所有珠子固定成圆形花蕊。

08 在另一侧铜丝处穿入珠子。

09 在花片边缘将穿入的珠子拧转出造型。

10 将花片边缘三个空缺处的铜丝穿入黑色珠子后，用相同的手法拧转出造型。

11 取红色珠子，在花片空缺处拧转出造型。

12 使花朵的造型更加富有层次感。

13 将花朵的顶部用鸭嘴钳拧紧后固定。

14 花朵完成效果图。

15 将之前准备的羽毛和完成的花朵用胶枪固定在支架上。

16 将铜丝在支架的一头拧转并固定，穿入珠子。

17 以两颗珠子并列拧转的手法进行操作。

18 用珠子拧转固定整个支架。

19 取黑色圆形珠片，用鱼线穿入，并穿入卡扣。

20 将鱼线的另一头穿入卡扣，用鸭嘴钳夹紧后固定。

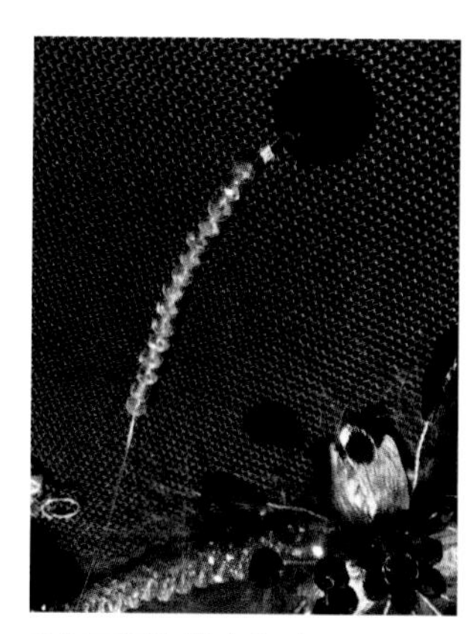

21 再把鱼线穿入珠子。

22 以同样的手法依次完成三条相同的珠链，合并后固定在一个环扣之上。

23 将环扣固定在花朵顶部的珠片之上。

24 饰品完成效果图。

水钻珍珠发箍饰品

01 准备好所需的材料和工具。

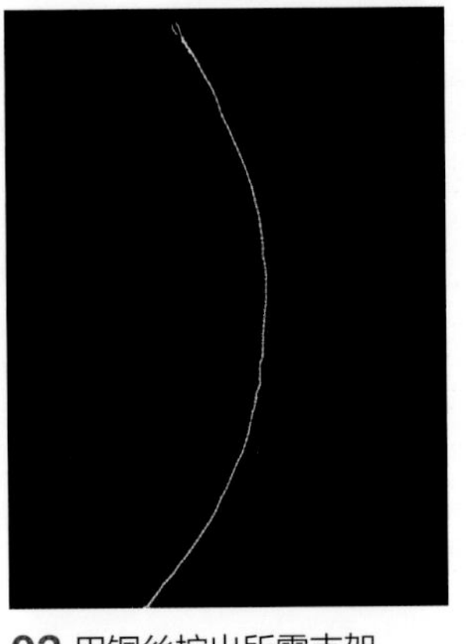
02 用铜丝拧出所需支架。

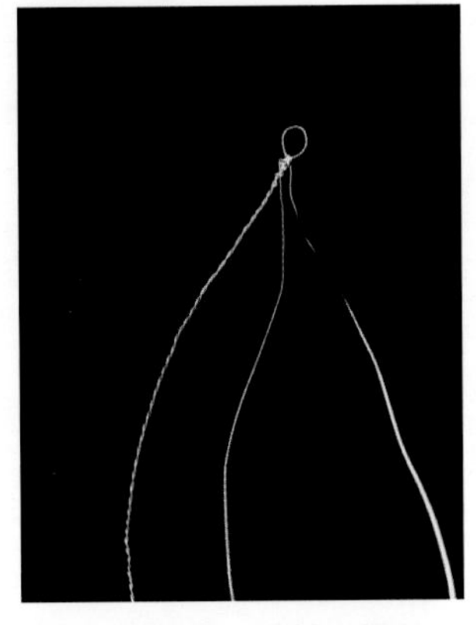
03 在支架的一头拧上铜丝。

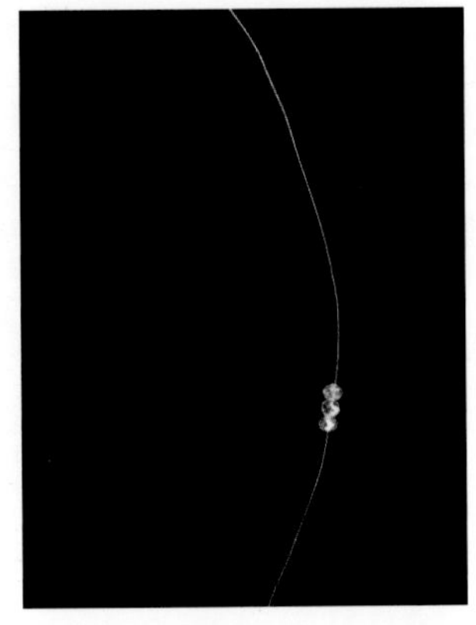
04 将三颗蓝色珠子穿入铜丝。

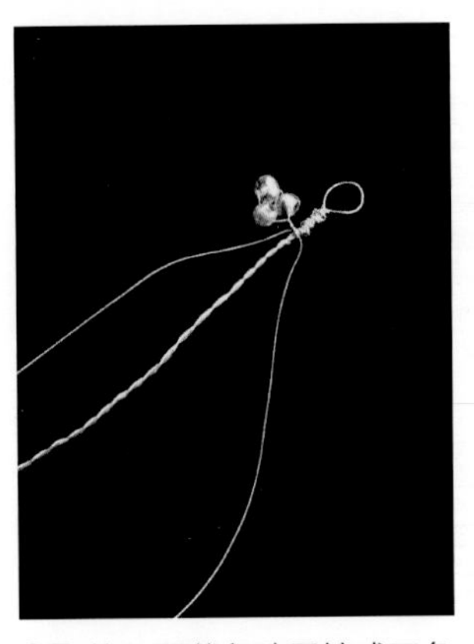
05 将三颗蓝色珠子拧成三角形轮廓，缠绕在支架上。

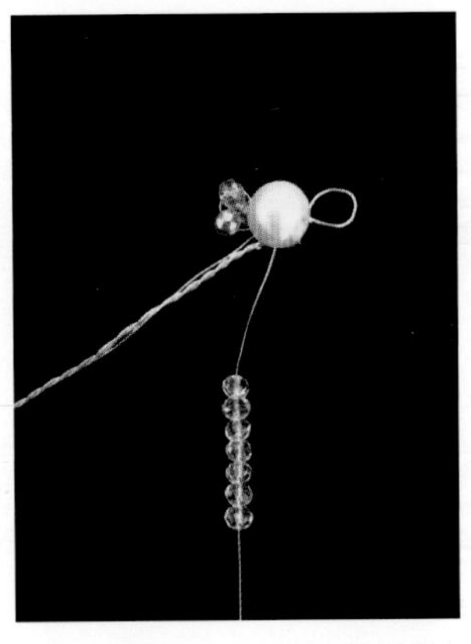
06 取白色珍珠，将其拧转缠绕固定在支架上后，穿入数颗浅粉色珠子。

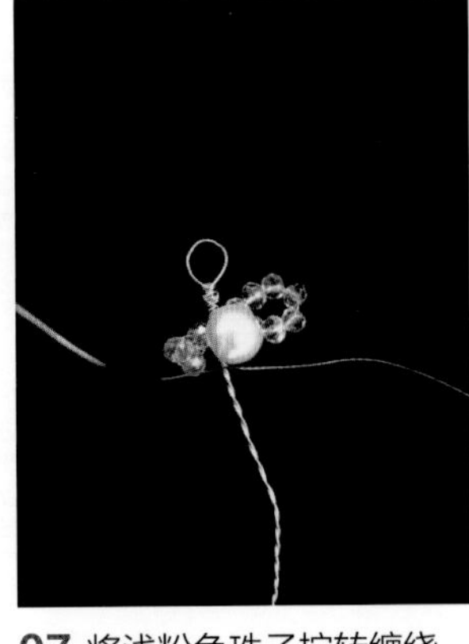
07 将浅粉色珠子拧转缠绕，固定在支架上。

08 调整排列珠子的位置。

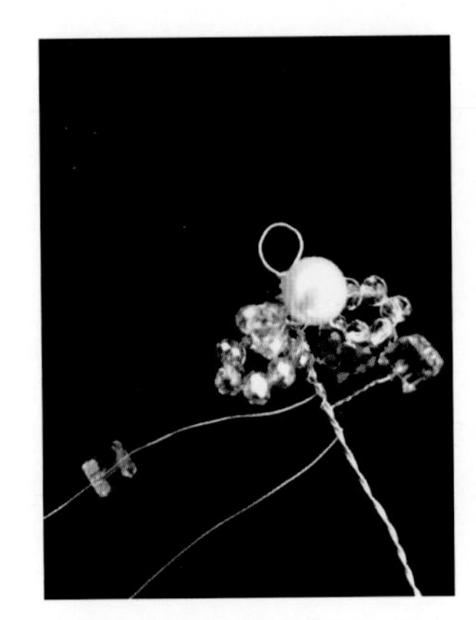
09 取不同颜色的珠子，以左右对称的位置排列，拧转并固定好。

10 将圆形珠子穿入铜丝。

11 将其缠绕并固定在支架的中部。

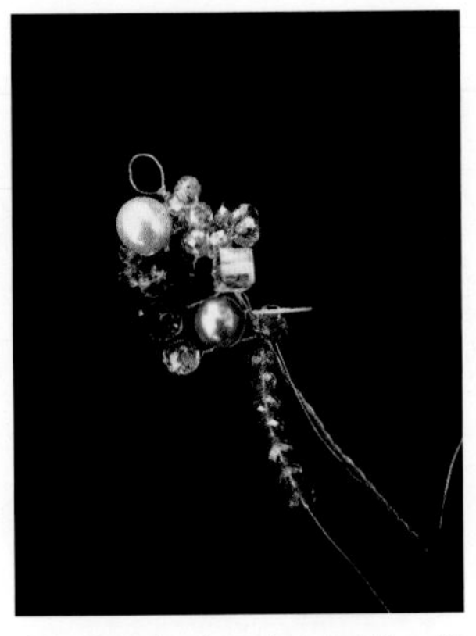
12 将绿色珠子穿入铜丝，将其拧转缠绕并固定在支架上。

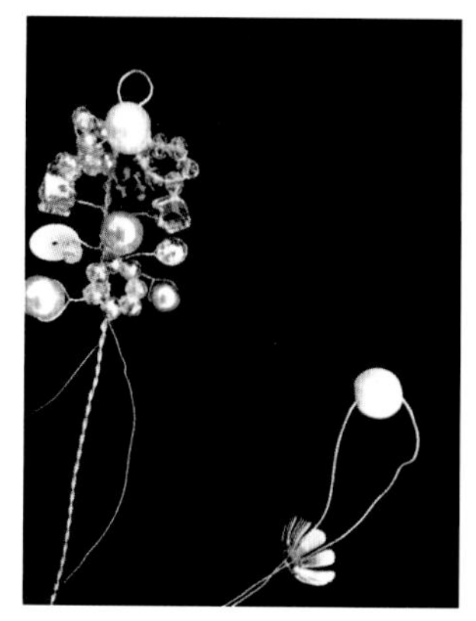

13 先穿入珍珠后，再将铜丝对折后穿入顶托。

14 将穿入珍珠及顶托的铜丝拧转缠绕并固定在支架中部。

15 取珠子，以左右对称的排列顺序依次固定在支架两侧。

16 取一侧的铜丝，穿入数颗珠子，并固定在支架上。

17 注意珠子之间的排列层次。

18 大小不一的珠子左右对称的缠绕排列方式，使发箍的轮廓更具造型感。

19 继续穿入底托和珍珠。

20 用相同的手法进行操作。

21 铜丝在穿入珠子缠绕支架时，始终保证左右分开的位置。

22 以相同的手法操作支架的另一端，并调整珠子之间的排列间距。

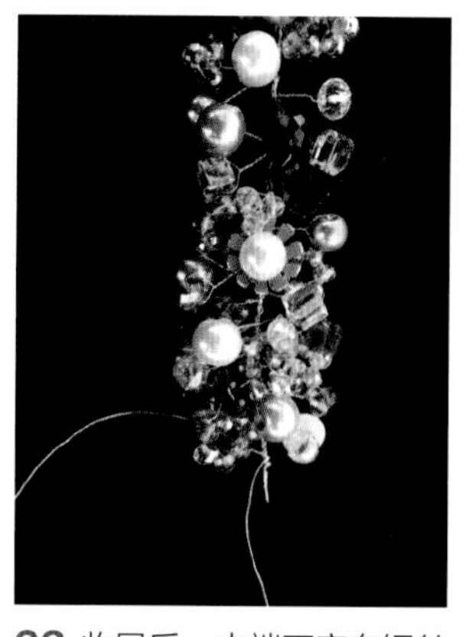

23 收尾后，末端不宜有铜丝外漏在外侧。将穿好珠子的支架弯成发箍。

24 饰品完成效果图。

金属水晶珠饰品

01 准备好所需的材料和工具。

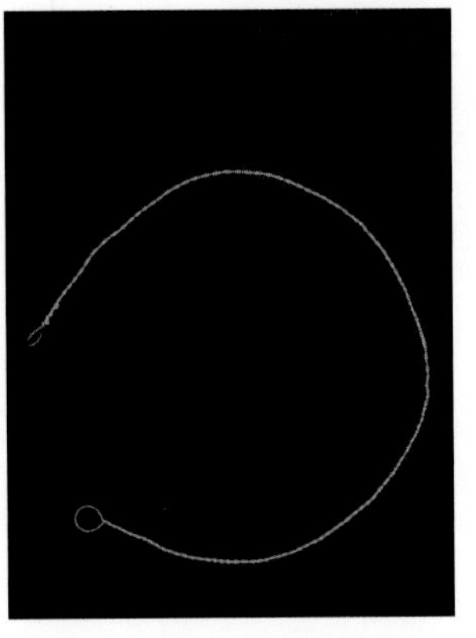

02 将一根铜丝拧出所需支架。

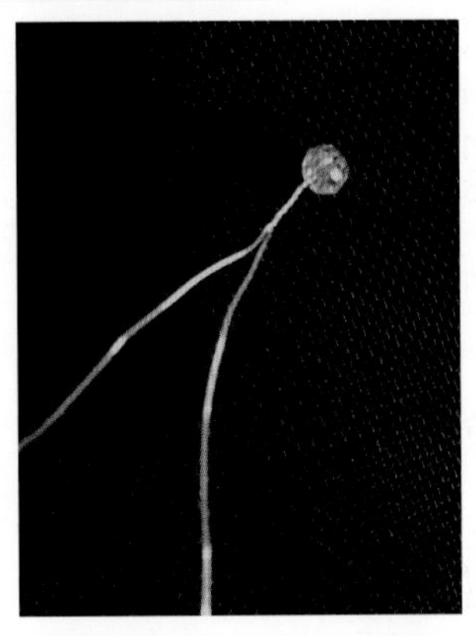

03 再取铜丝，穿入一颗珠子后拧转。

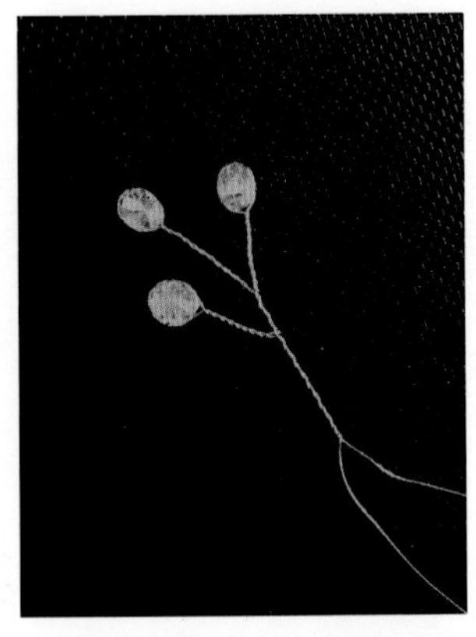

04 用相同的手法拧出三个高低不一样的枝丫。

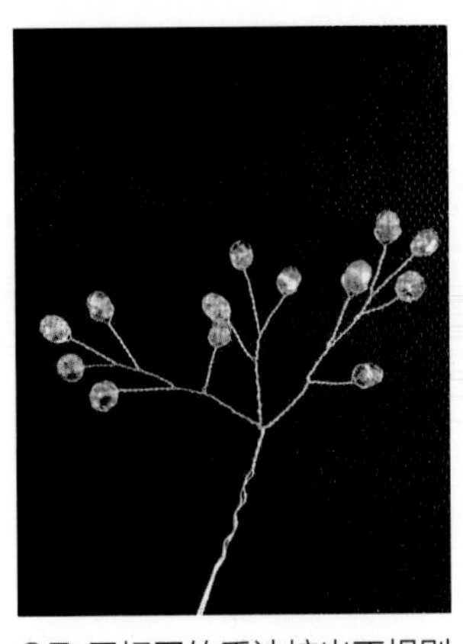

05 用相同的手法拧出不规则的枝丫。

06 取一个花片，穿入铜丝。

07 取一根铜丝，将花片与枝丫捆绑固定在一起。

08 取一颗珠子，穿入铜丝后拧转固定在花片中间。

09 将做好的花束捆绑固定在支架的中部位置。

10 将多余的铜丝缠绕在支架的一侧，并穿入花片。

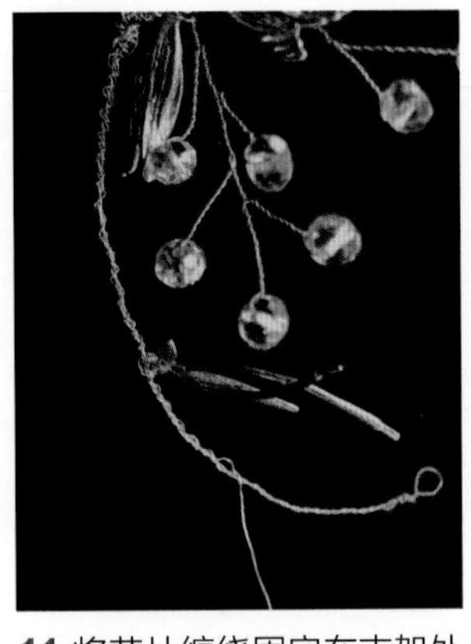

11 将花片缠绕固定在支架处后，用铜丝继续缠绕支架。

12 在花片顶部穿入珠子。

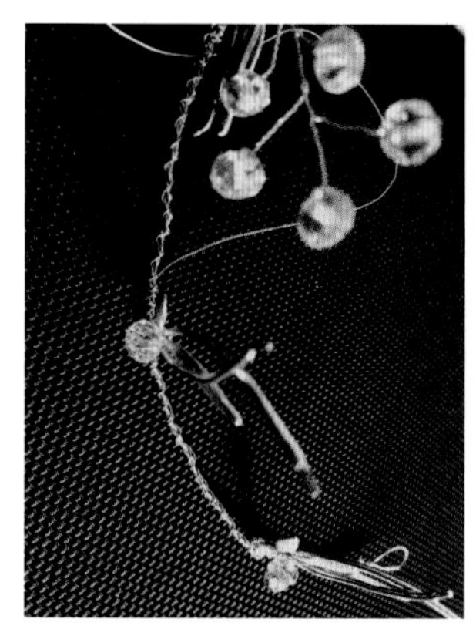

13 继续用相同的手法处理支架的另一侧。

14 注意花片的间距要均等。

15 将铜丝缠绕在两个花片中间的位置，穿入底托和珠子。

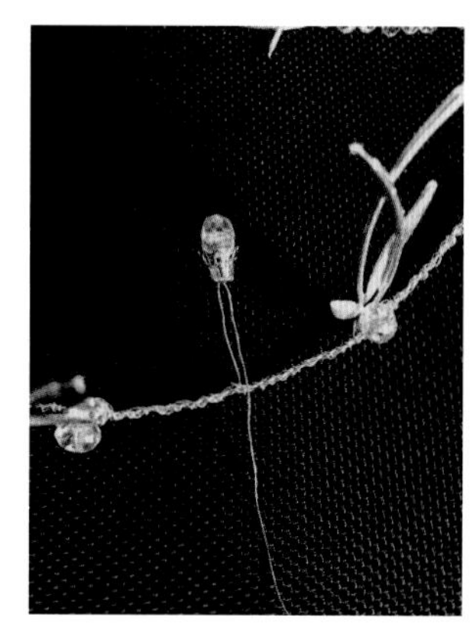

16 将穿好的底托和珠子固定。

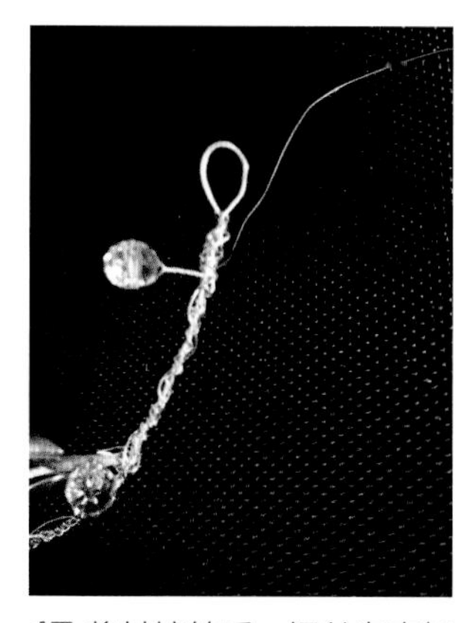

17 将其拧转后，铜丝向支架外边缘继续缠绕。

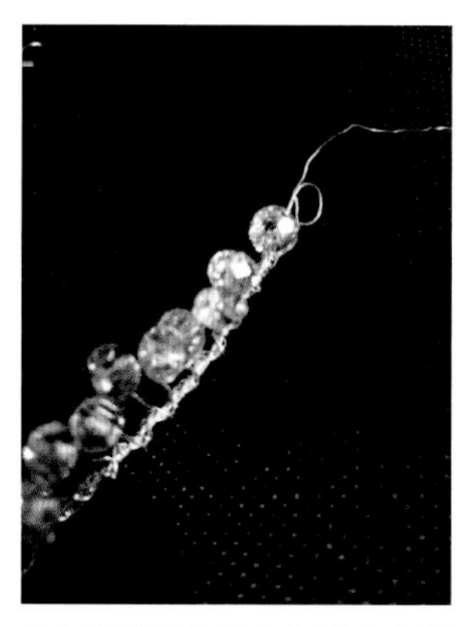

18 用相同的手法在整个支架上依次拧转排列珠子。

19 在花片的底托处打上少量溶胶，将珠子固定在底托处。

20 将铜丝在支架上从一端缠绕至另一端。

21 在铜丝的末端并排穿入两颗珠子，拧转缠绕在支架上。

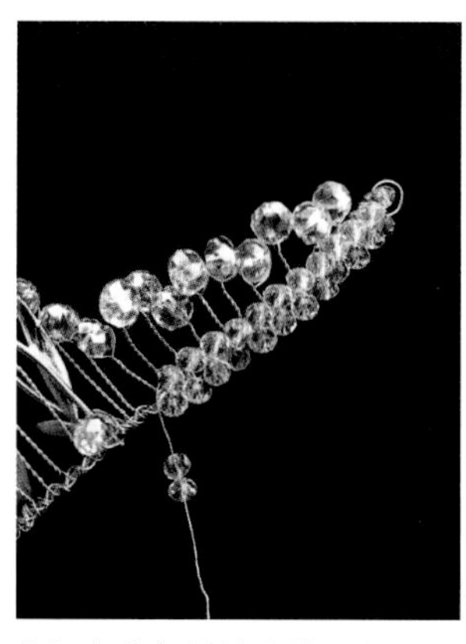

22 在支架处依次排列并固定珠子。

23 由支架一端处理至另一端，使支架轮廓更加饱满。

24 饰品完成效果图。

04 不同位置发髻的表现

低发髻盘发

低发髻的新娘盘发能够凸显端庄而优雅的气质，富有层次感的低发髻新娘盘发和随意、松散的低发髻新娘盘发都很时髦。低发髻盘发比较适合发量较多的新娘。利用编发或卷筒等手法打造的发型搭配不同的头饰，能表现出新娘甜美婉约、古典端庄的气质。

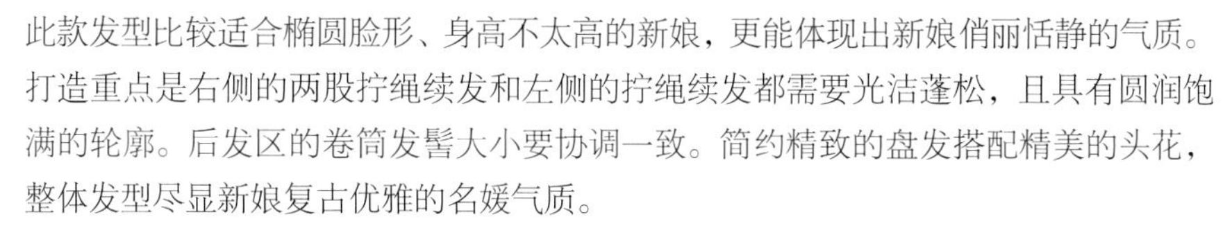

此款发型比较适合椭圆脸形、身高不太高的新娘，更能体现出新娘俏丽恬静的气质。打造重点是右侧的两股拧绳续发和左侧的拧绳续发都需要光洁蓬松，且具有圆润饱满的轮廓。后发区的卷筒发髻大小要协调一致。简约精致的盘发搭配精美的头花，整体发型尽显新娘复古优雅的名媛气质。

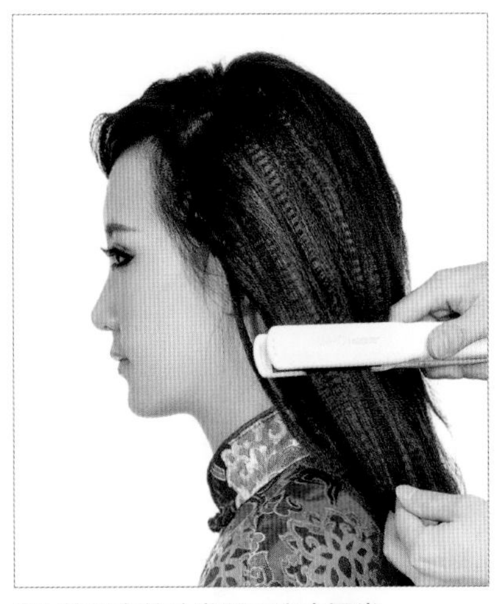

01 将所有的头发用玉米夹烫卷。

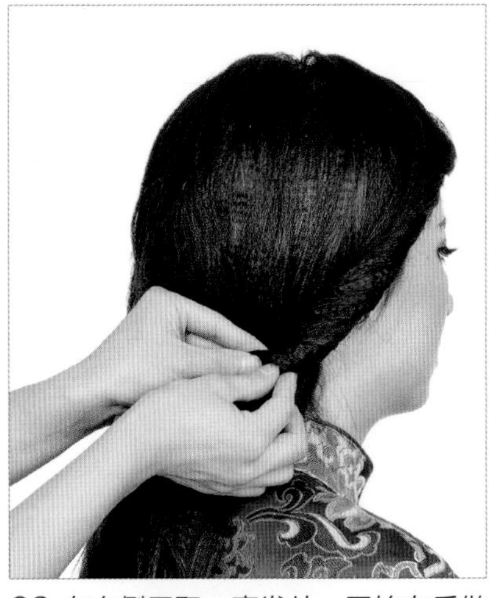

02 在右侧区取一束发片，开始向后做拧绳续发，编至后发区的右侧并固定。

03 在左侧区取一束发片，向后做两股拧绳。

04 拧绳至后发区的左侧，用卡子将其固定。

05 取后发区的一束发片，向上翻转成卷筒并固定。

06 将发尾的头发继续向上延伸，翻转固定至尾端。

07 取后发区右侧的头发，向上翻转并固定。

08 将翻转的头发固定在发尾的末端。

09 佩戴头饰，点缀发型。

高发髻盘发

新娘的必备发型里都少不了高发髻盘发这样简洁大方的发型。高发髻盘发要把头发梳得很光滑，露出美丽的脖颈，再穿上迷人的婚纱，简直就是高贵派新娘的经典形象。高发髻盘发不仅能够凸显新娘典雅的气质，同时还可起到改变脸形、提升气质的作用，可通过增高发髻来增加新娘的整体身高。

此款发型运用烫发、拧转手法打造而成，发型的重点是掌握顶区发髻的塑造，使发型蓬松自然是关键，处理中全程需用手指代替梳子。蓬松自然的丸子头发髻结合刘海飞发的处理，搭配个性时尚的皇冠，整体发型尽显新娘时尚俏丽的公主范儿。

01 烫卷所有的头发。

02 取顶区右侧的头发，将其向上做拧转后固定。

03 取顶区左侧的头发，将其向上拧转后固定。

04 将剩余的头发用手指梳理并向上提拉。

05 将梳理好的头发向上拧转并固定。

06 调整发尾的轮廓并将其固定。

07 修饰并调整头发顶部的线条。

08 在顶区佩戴皇冠。

09 将刘海处的发丝调整并定型。

后缀式发髻盘发

后缀式发髻能够凸显新娘温婉娴静的气质，它多用于韩式风格的发型中，以交叉对称拧包或对称卷筒、发卷等手法组合而成。这种盘发纹理清晰、层次鲜明，比较对称是后缀式发髻的特点。

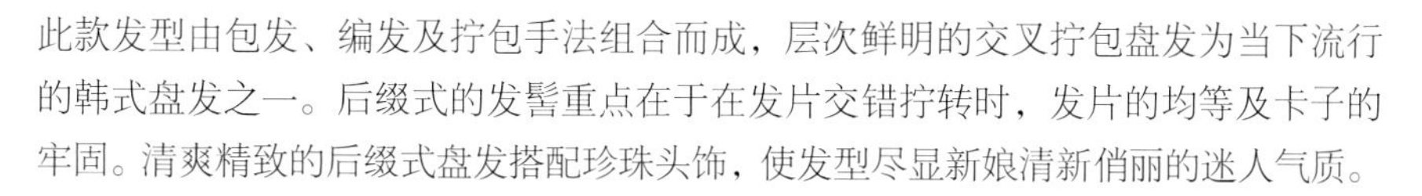

此款发型由包发、编发及拧包手法组合而成，层次鲜明的交叉拧包盘发为当下流行的韩式盘发之一。后缀式的发髻重点在于在发片交错拧转时，发片的均等及卡子的牢固。清爽精致的后缀式盘发搭配珍珠头饰，使发型尽显新娘清新俏丽的迷人气质。

01 在顶发区做饱满的包发，将其收起并固定。

02 将右侧区的头发做三股编辫至发尾。

03 将左侧区的头发以相同手法进行三股编辫。

04 将左右两侧的发辫交叉盘绕后固定。

05 取左侧耳后方的一束发片，由左向右提拉至枕骨处，拧转并固定。

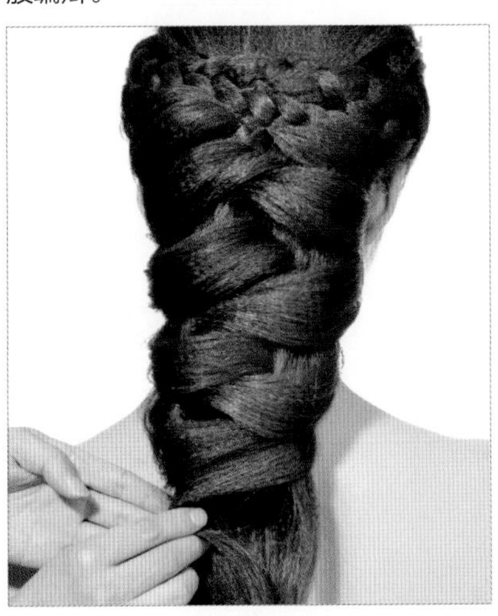

06 将后发区的头发用相同的手法交叉拧转并固定，直至尾端。

07 将剩余发尾的头发以手指为轴心做卷筒，向上收起并固定。

08 将精致小巧的珍珠皇冠佩戴在头顶。

09 在后发区发辫之上点缀珍珠发卡。

偏侧式发髻盘发

偏侧式的发髻发型总能很好地体现女性的万种风情。圆润饱满的卷筒组合而成的偏侧发髻，凸显新娘复古的气质，浪漫飘逸的偏侧卷发则凸显新娘唯美浪漫的风情。利用偏侧发髻与刘海结合的修饰，还可调整并修饰新娘的脸形。

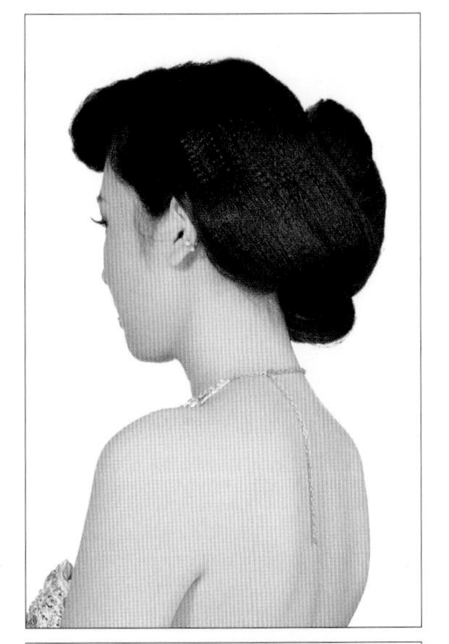

此款发型重点突出的是右侧发髻的层次感，在操作时，每个发片叠加时要以渐层的手法固定，同时每个发片都要干净，不宜有碎发。错落有序的偏侧拧转盘发，利用精美头饰的点缀烘托发型的层次，整体发型凸显出新娘复古而时尚的气质。

01 将刘海区的头发外翻拧转，并将其固定在前额的上方。

02 将发尾由外向内拧转并固定。

03 将右侧区的头发由外向内拧转并固定。

04 将发尾的头发向上翻转并固定。

05 将后发区的头发翻转并固定。

06 将发尾向上提拉，拧转并固定。

07 将右侧区的头发做拧绳处理，将拧绳向上提拉并固定。

08 将发尾向枕骨的上方提拉，拧转并固定。

09 在右侧区的发髻处佩戴精美的钻饰发卡。

05 不同发饰的特点与佩戴方式

头纱饰品

头纱是新娘发型中一个重要的部分，可以对发型进行点缀与衬托。头纱的款式与质地多样，密度大小不一，可根据新娘的气质及服装等因素进行选择。头纱的不同质地、颜色及佩戴方式都可营造出不同的氛围与风格。满足每个新娘对于婚礼的浪漫幻想。

1. 单层垂纱：适合表现新娘简约、高贵与圣洁的效果。
2. 抓纱：可烘托出新娘时尚个性、甜美浪漫的气质。
3. 裹纱：利用头纱做成纱帽的轮廓，打造新娘时尚复古的风格。
4. 网纱：通常用于点缀佩饰，制造神秘浪漫的效果。

此款发型由简单的束马尾及三股编辫结合堆纱手法组合而成，
简洁清爽的盘发搭配蓬松饱满的纱花，整体发型凸显出新娘时尚唯美的独特气质。

01 将所有的头发束高马尾。

02 将发尾头发分为均等的三束发片。

03 将分好的发片进行三股编辫至发尾。

04 将发辫缠绕在顶部。

05 用卡子将其固定。

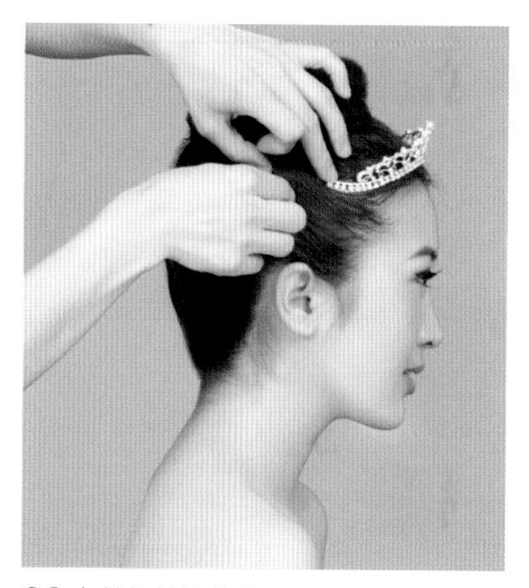

06 在前额处佩戴皇冠。

07 将头纱在左侧区前额处开始堆纱。

08 将头纱堆砌成圆润饱满的轮廓后，将纱花打开。

09 发型完成效果图。

皇冠饰品

皇冠是婚礼现场主婚纱首选的头饰之一，其款式众多，有圆形、扇形、方形、长形、菱形等，材质多以亮钻、珍珠、彩钻为主。不同形状、质地的皇冠可表现出截然不同的发型风格。常见的皇冠有以下四种形式。

1. 发卡式：可表现出新娘时尚、俏丽、个性的风格。
2. 饱满式：可表现出新娘高贵端庄、隆重奢华的风格。
3. 点缀式：此款多以小巧精致为主，可表现出新娘清新、甜美的风格。
4. 衬托式：可表现出新娘浪漫简约、典雅靓丽的风格。

此款发型运用了极为简单的打毛及卷筒手法，偏侧饱满的轮廓塑造是完成此款发型的关键，干净优雅的卷筒发髻搭配华丽的皇冠头纱，整体发型呈现出新娘端庄高贵的迷人气质。

01 将顶区头发根部打毛。

02 将打毛的头发向后梳理干净。

03 将左侧区的头发由外向内拧转并固定。

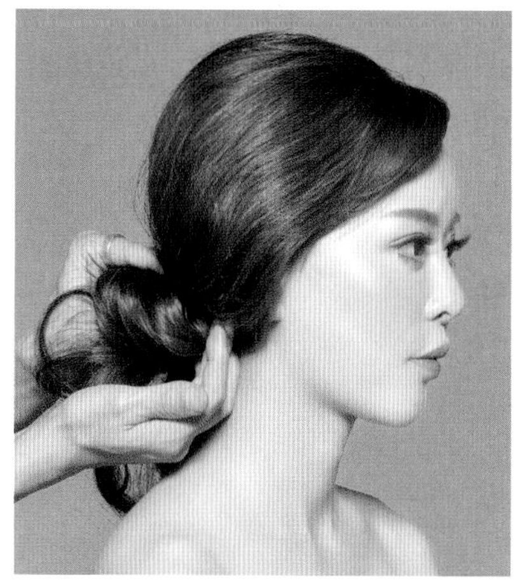

04 将右侧区的头发在耳后方固定后，取一束发片，做卷筒并收起。

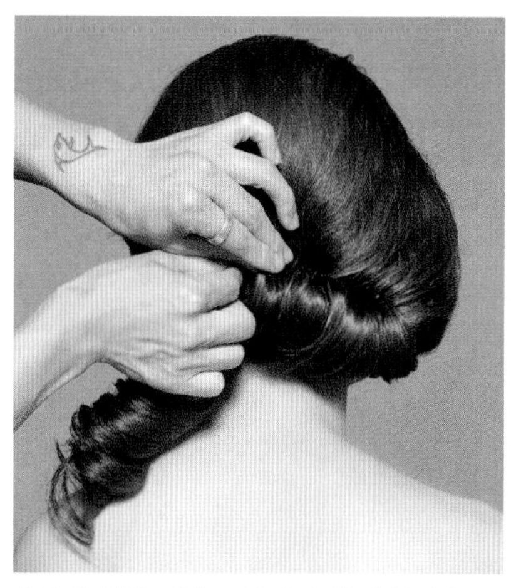

05 继续将后发区的头发做卷筒盘起并固定。

06 将剩余的头发做卷筒，盘起并固定。

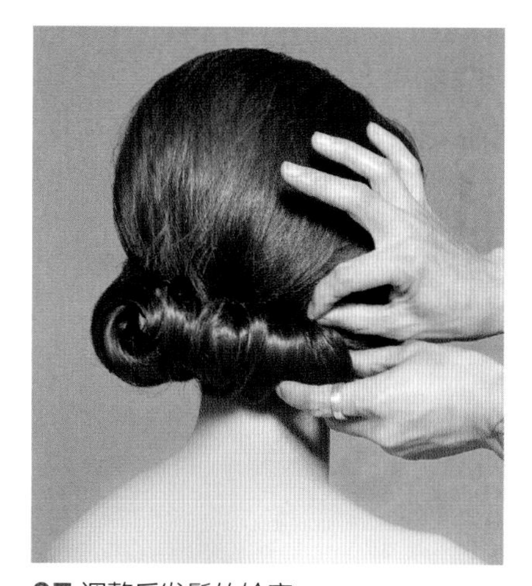

07 调整后发髻的轮廓。

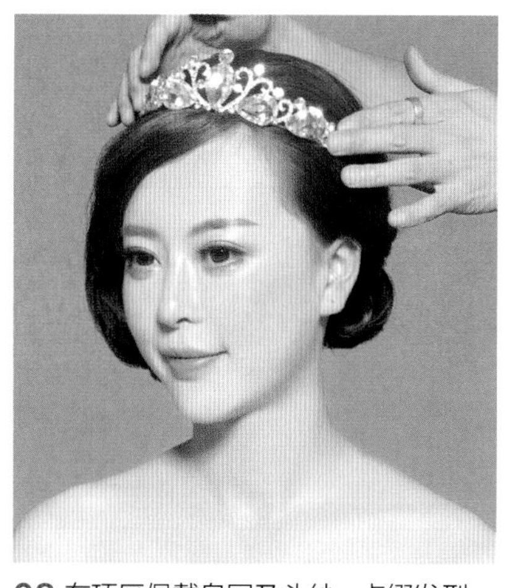

08 在顶区佩戴皇冠及头纱，点缀发型。

09 发型完成效果图。

鲜花饰品

鲜花发型是许多新娘的最爱，是百搭的发型，将它与婚纱、礼服、中式旗袍相搭配，可以打造出不同风格的新娘。适合结婚当天佩戴的鲜花主要有百合、玫瑰、芙蒗、洋兰、蝴蝶兰等，可与满天星、情人草、黄莺等搭配使用。化妆师在打造鲜花发型时应考虑到鲜花的种类、颜色要与新娘的整体发型风格一致。

此款发型运用了极为简单的拧转手法，后发髻交错有序的纹理结合外翻拧转的刘海，
再搭配鲜花，整体发型凸显出新娘端庄静美的优雅气质。

01 取刘海的一束头发，拧转并固定。

02 将发尾的头发向上对折，拧转并固定。

03 剩余的发尾做手打卷，收起并固定。

04 取左侧区的一束发片，向枕骨处提拉，拧转并固定。

05 将右侧区的头发以相同手法进行操作。

06 取左侧区的一束发片，拧转并固定。

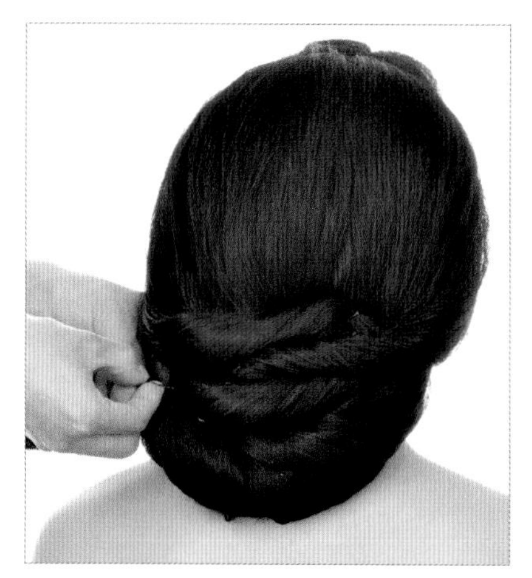

07 将剩余的头发由右向左拧转，并固定在左侧。

08 在顶区的左上方佩戴鲜花，点缀发型。

09 发型完成效果图。

珠链饰品

珠链能够表现灵动清新、娇俏秀丽的风格，在发型中能起到画龙点睛的作用。无论是在圣洁庄严的婚礼现场，还是在外景婚纱拍摄中，精致的发型搭配珠链头饰，都能很好地演绎出流行与实用的多变风格。

顶区略蓬松的拧包发型使得发型更加饱满，左右对称的浪漫卷发搭配珠链头饰，尽显新娘俏丽甜美的可人气质。

01 取中号电卷棒，将所有的头发烫卷。

02 将顶部的刘海向后做拧包并固定。

03 将剩下的所有头发以颈部中间位置为基准线分出左右发区。

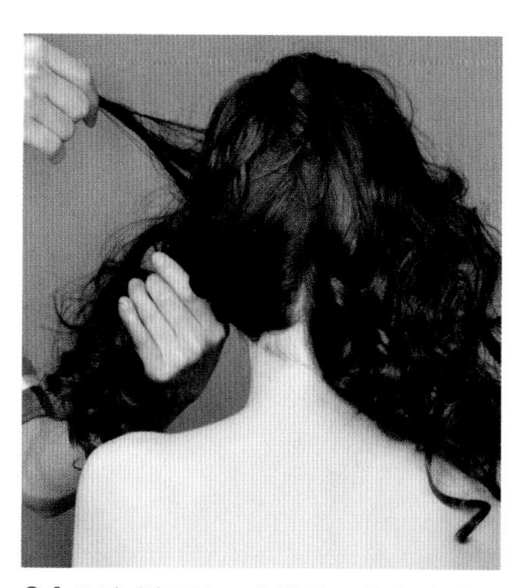

04 取左侧区的一束发片，缠绕头发，束低马尾。

05 用卡子将发片固定。

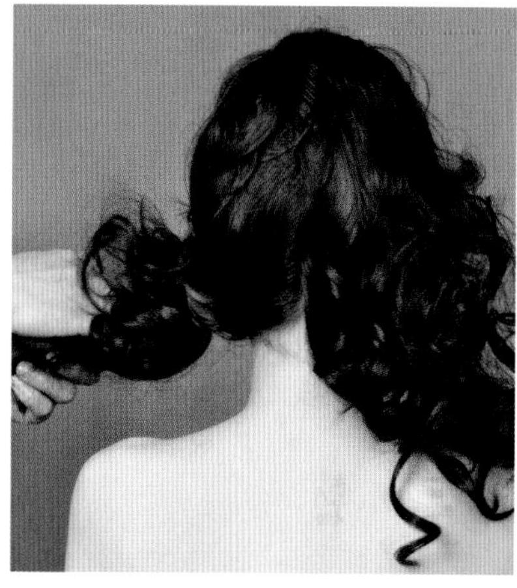

06 用手指将发卷做打毛，使其纹理更加自然蓬松。

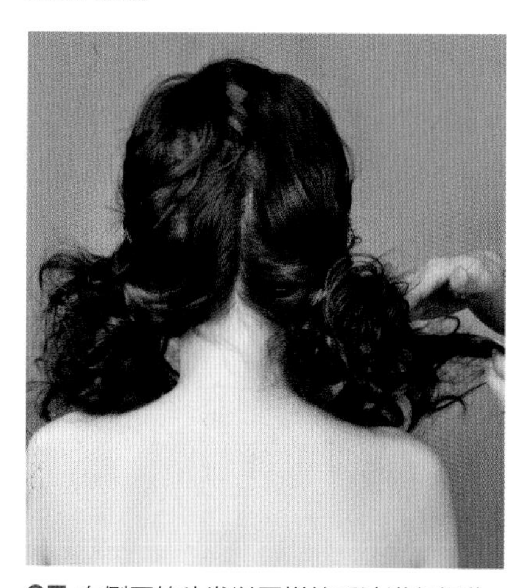

07 右侧区的头发以同样的手法进行操作。

08 在左右两侧佩戴珠链头饰，点缀发型。

09 发型完成效果图。

综合饰品

综合型头饰是指利用珠子、绢花、亮钻、头纱、蕾丝、丝带等不同材质组合而成的头饰，也可能是将废旧头饰重新组合，结合发型，搭配出时尚个性的百变风格。注意搭配时需掌握整体发型的协调性。

此款发型运用打毛、拧包、交叉拧转的手法打造而成。高耸的偏侧刘海发包搭配纱帽，使前区发型圆润而饱满。后发区后缀式的发髻凸显新娘婉约浪漫的气质。

01 将刘海区的头发向后提拉并打毛。

02 将其拧绳后收起。

03 下卡子固定拧包。

04 先取左侧区的一束发片，向顶区提拉拧转后固定。再取右侧区的头发，用相同的手法操作，并拉扯发片。

05 从后发区左右各取一束发片，交叉拧转。

06 用卡子将拧转后的头发固定在枕骨下方。

07 继续用相同的手法将后发区的头发拧转至发尾。

08 佩戴仿真花及纱帽，点缀发型。

09 发型完成效果图。

06 不同的抓纱发型

堆纱

头纱的褶皱纹理要处理得细致均匀。下卡子时，卡子与头纱要呈十字交叉状固定，同时卡子不宜暴露在外。纱花的整体轮廓要做到饱满有型。

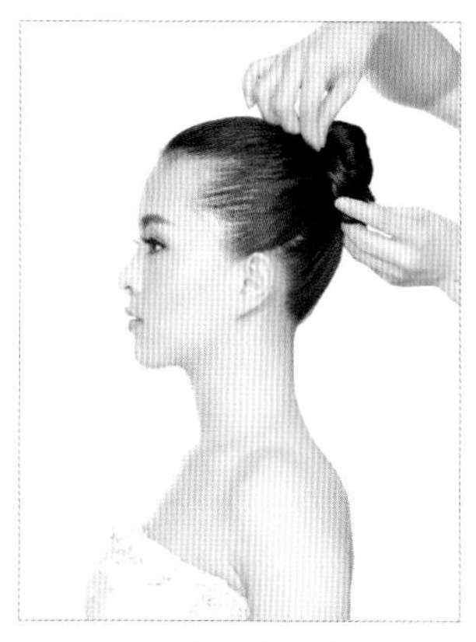

01 将所有的头发束马尾，将马尾的头发缠绕成发髻并固定。

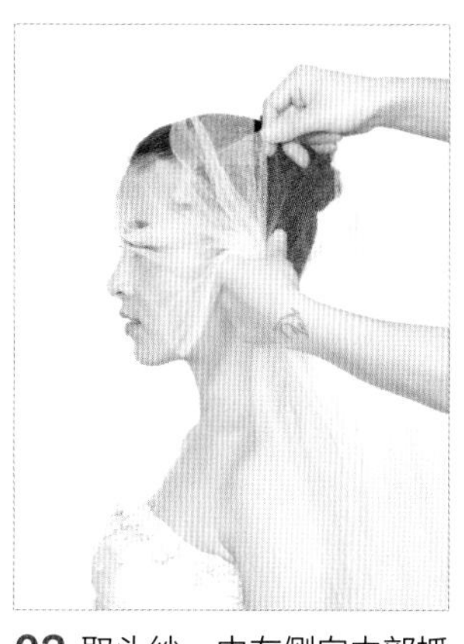

02 取头纱，由左侧向中部抓出褶皱纹理。

03 由右侧向中部抓出褶皱纹理。

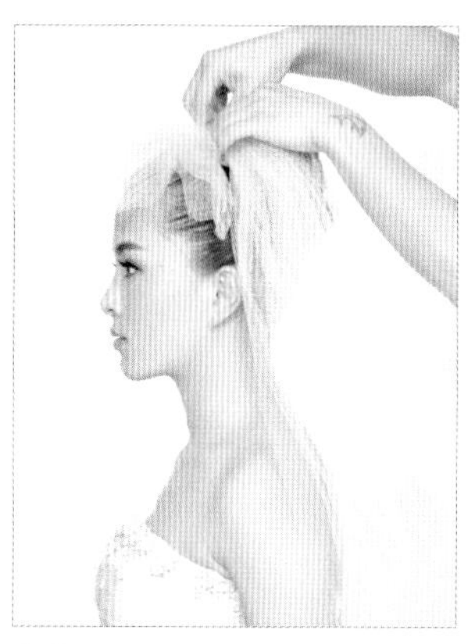

04 将其固定在前额顶部。

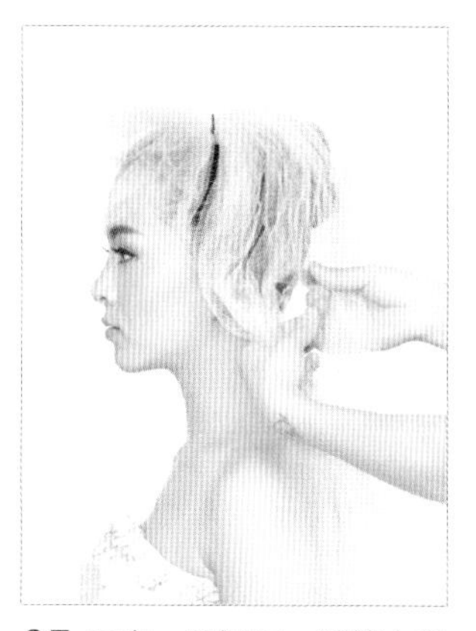

05 隔出一段间距，继续由两侧向中部抓出褶皱纹理。

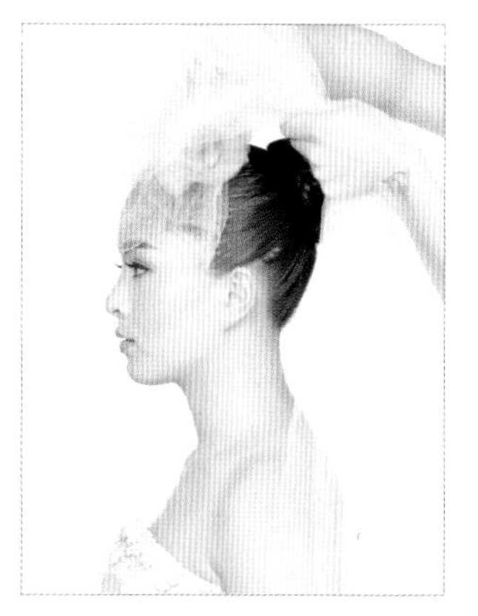

06 将抓出的褶皱纹理头纱对折，衔接固定在第一个固定点。

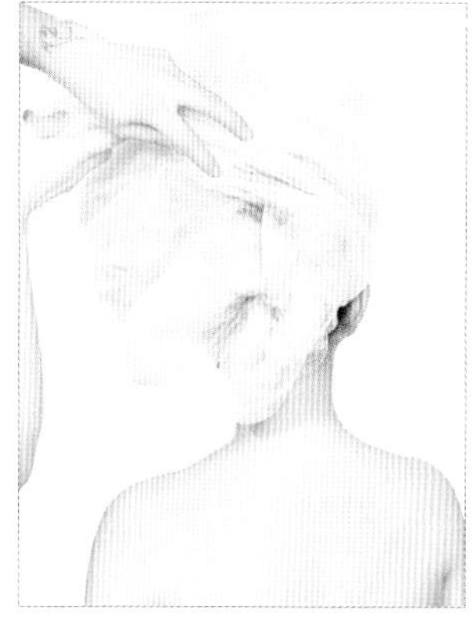

07 以相同的手法依次操作至后发区颈部的位置，并将头纱由下向上固定。

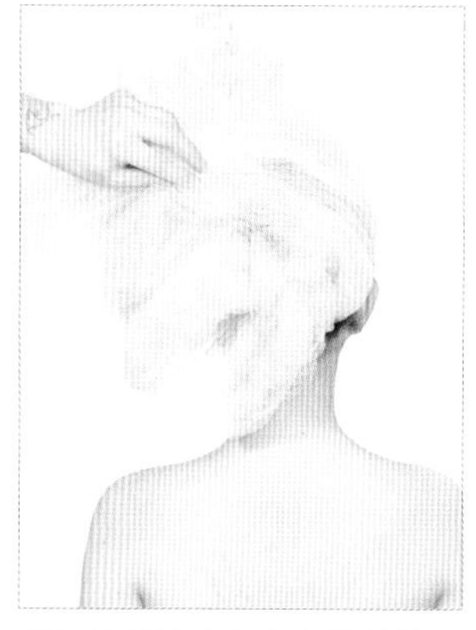

08 将头纱由右向左提拉并固定好。

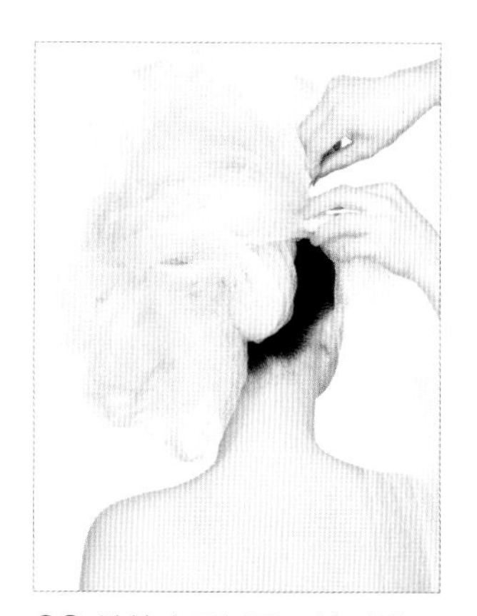

09 继续来回折叠，使后发区的头纱轮廓饱满而有型。

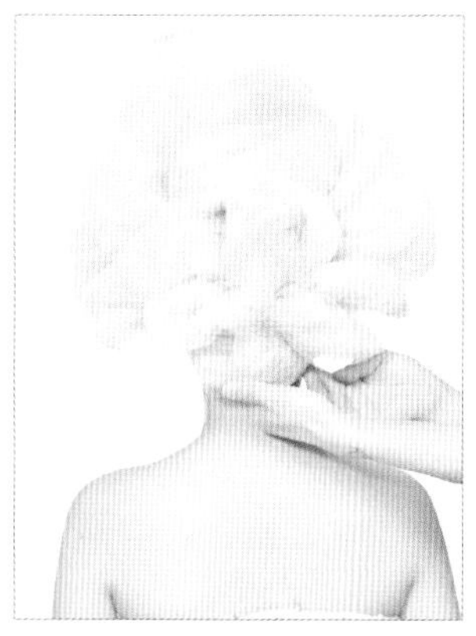

10 将剩余的头纱沿着右侧区的发际线边缘由上向下收起并固定。

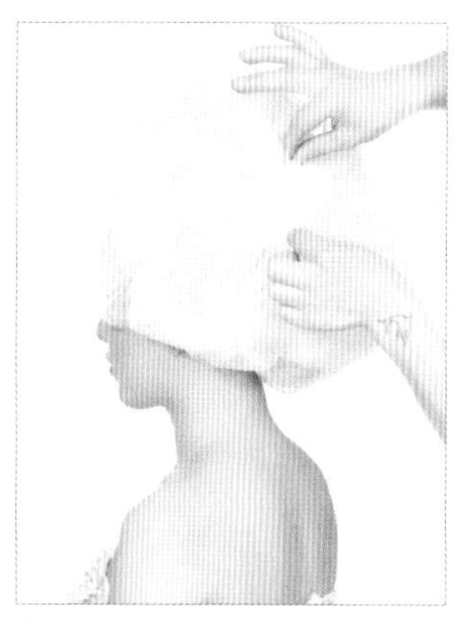

11 将头纱的褶皱打开，整理出饱满蓬松的轮廓。

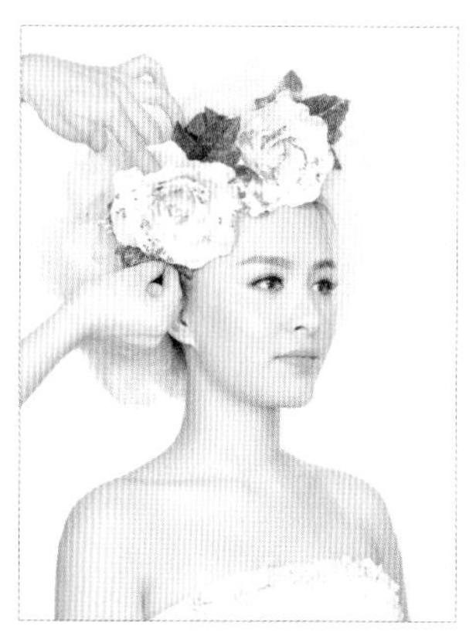

12 在右侧前额处佩戴绢花，使整体发型更加协调。

抓纱

头纱材质要选用质地偏硬的包边头纱。前额处起始的头纱纹理要自然随意一些，不可处理得过于对称死板；顶区的头纱纹理则要处理得细腻一些，轮廓要饱满而精致。同时左右两侧的头纱要衔接自然，不可脱节。

01 将所有的头发束高马尾，发尾做发髻，缠绕并固定。

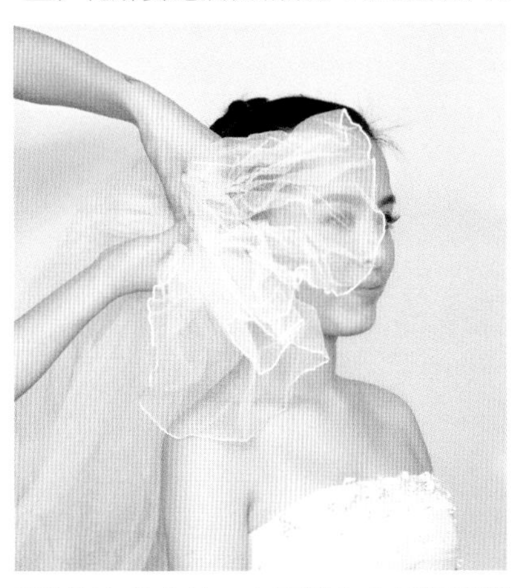

02 取包边头纱，由两侧向中部抓出褶皱纹理。

03 将头纱斜向固定在顶区，注意卡子与头纱应呈十字交叉状。

04 将头纱向后做褶皱纹理，包裹发髻。

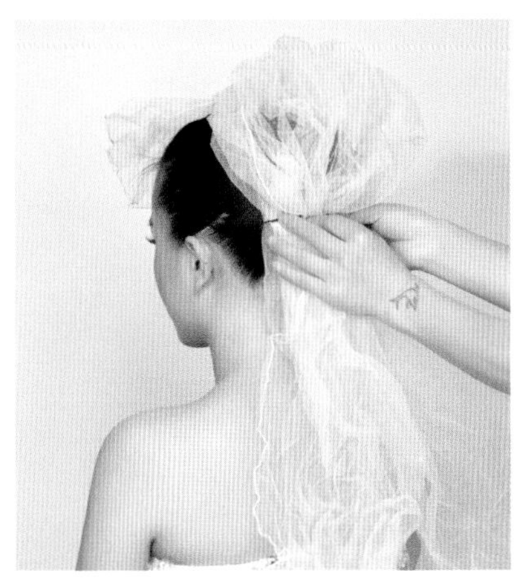

05 下卡子将头纱固定在后发区中部的位置。

06 将顶区的头纱褶皱整理出蓬松饱满的轮廓。

07 将右侧区的头纱向上提拉，衔接前额头纱并固定。

08 将左侧区的头纱向上提拉至耳上方并固定。

09 在左侧前额上方佩戴皇冠，点缀发型。

花边叠纱

毫无疑问，叠纱主要体现的是层次感。精美的蕾丝花边层叠有序，
用头纱打造出蓬松饱满的轮廓，叠纱的每个转角处要处理得自然无痕，不可有明显的堆砌感。
第一层花边覆盖额头的宽度可根据新娘脸形的特点来灵活掌握。额头过宽的可覆盖多些，反之则少些。

01 头发烫卷后，将所有头发沿着后发际线边缘固定并塑形。

02 将花边纱覆盖在前额处。

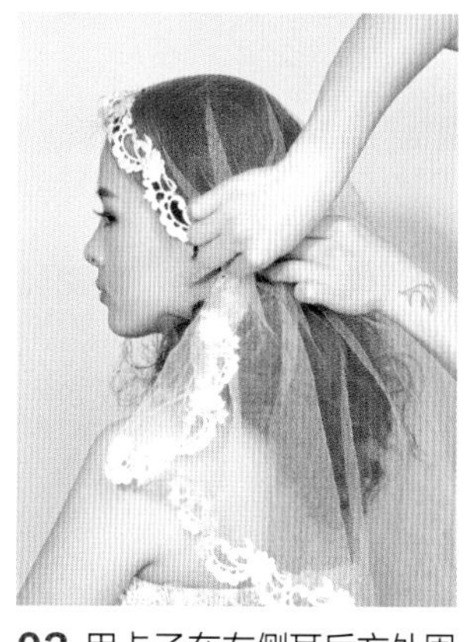

03 用卡子在左侧耳后方处固定头纱。

04 将头纱折叠出纹理。

05 将头纱的花边朝下，将其固定在后发区的左侧。

06 继续由左向右进行操作，同样将头纱的花边朝下固定。

07 操作至右侧耳后方并固定。

08 将头纱继续折叠收起。

09 将折叠的头纱由下向上翻转，固定在枕骨的右侧。

10 将花边朝前叠加在第一个花边之上固定。

11 继续叠加第三个花边。

12 将剩余的头纱花边继续层层相叠后，用别针将头纱衔接并固定。

双层垂纱

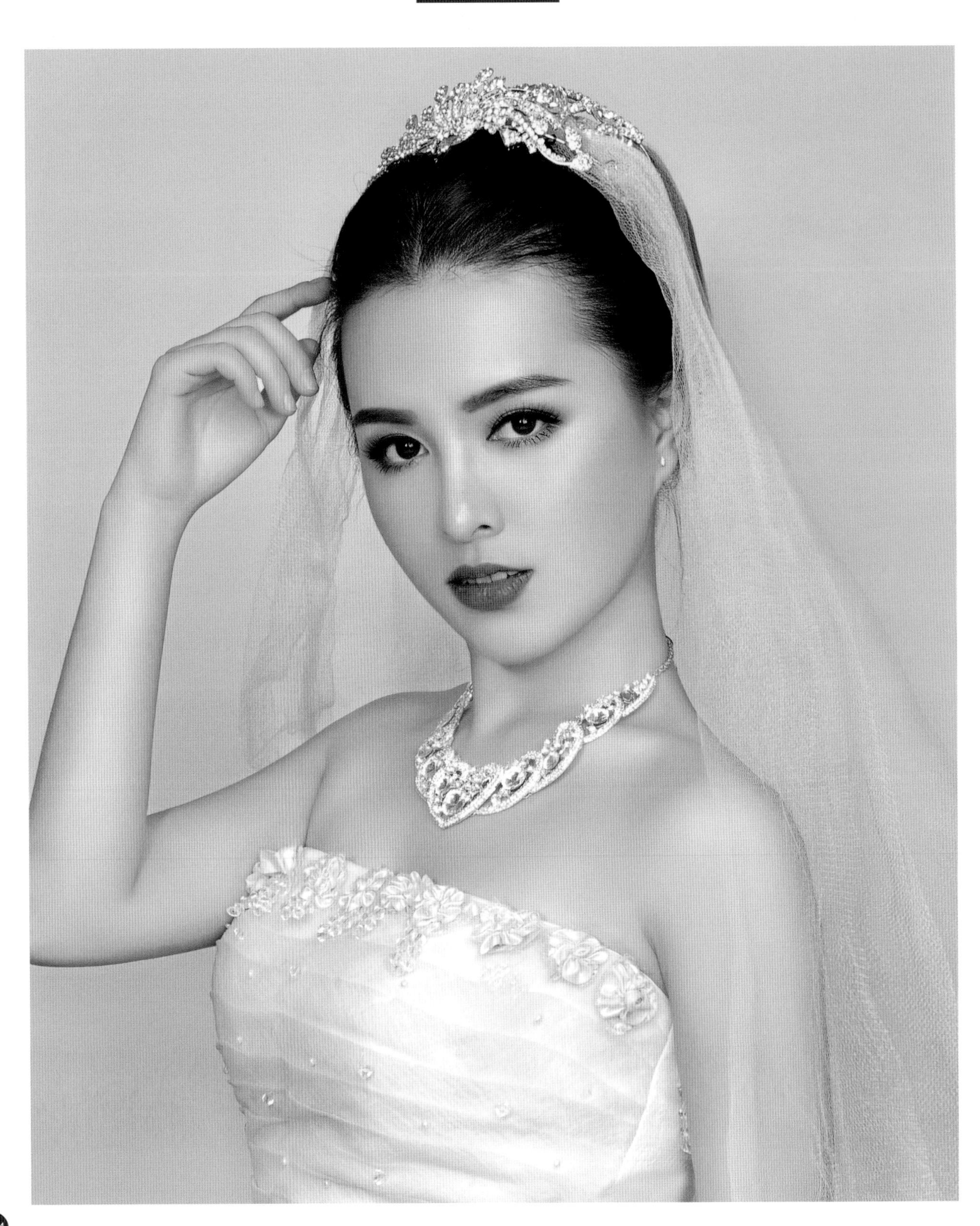

这一抓纱手法是当下最常用的手法，无论是唯美的婚纱拍摄，还是浪漫的婚礼现场，双层垂纱都可表现出新娘纯洁、高贵的气质。头纱要选用较为柔软的材质。操作时，注意头纱要左右对称，在下卡子时一定要将头纱固定牢固，并且卡子不可暴露在外。在头纱固定点可巧妙地佩戴皇冠，使其与发型完美地融为一体。

01 将头发分为左右两个发区。

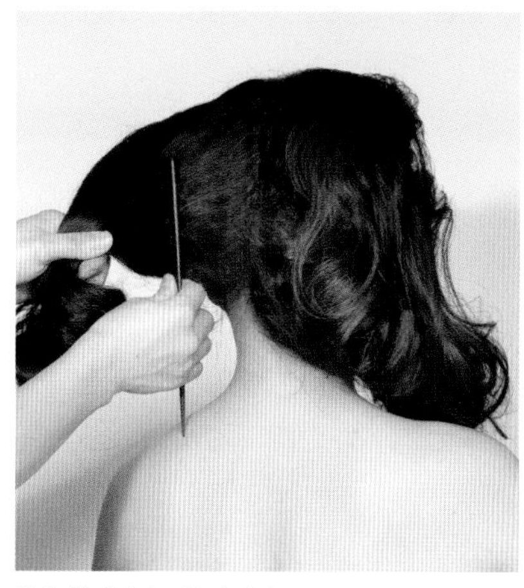

02 将左侧区的头发打毛。

03 将打毛后的头发做拧包，向上提拉，盘起并下卡子固定。

04 将右侧区的头发打毛，并将头发表面梳理干净。

05 将头发向左侧区提拉，盘起并固定。

06 取头纱，并将其对折。

07 将头纱对折整齐。

08 将对折后的头纱固定在顶区。

09 在顶区佩戴皇冠，点缀发型。

花边垂纱

花边头纱往往给人一种高贵而浪漫的感觉，对于喜欢女王范儿的新娘，花边头纱在婚礼当日是不可缺少的绝密武器。在打造发型时，只需掌握头纱左右的对称度及花边的朝向即可。可根据新娘的身高或婚纱的款式来选择头纱的长度。

01 将所有的头发烫卷。

02 以右侧区耳尖处为基准线，分出刘海发区。

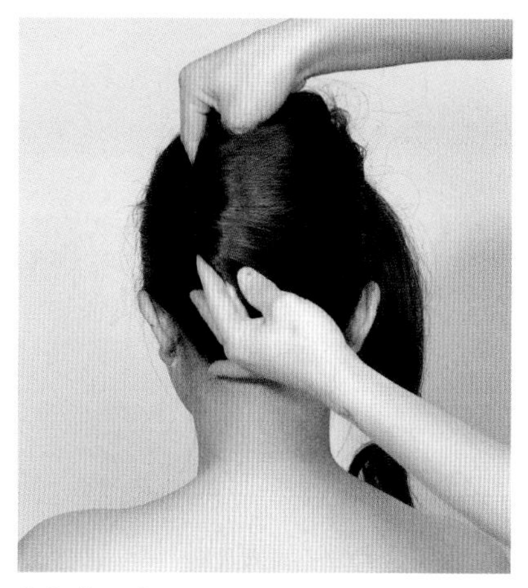

03 将后发区的头发做拧包，盘起并固定好。

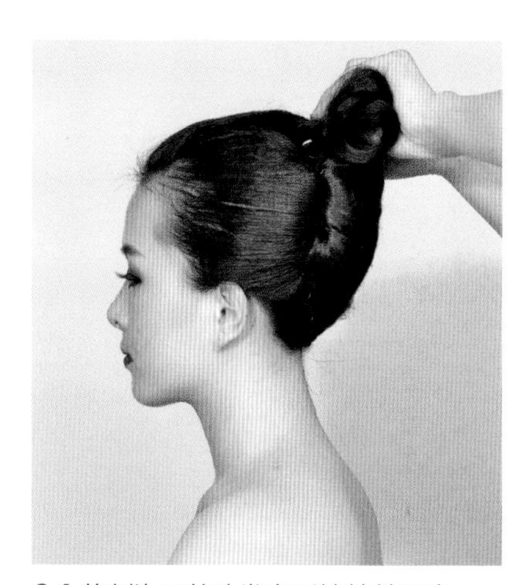

04 将刘海区的头发向后拧转并固定。

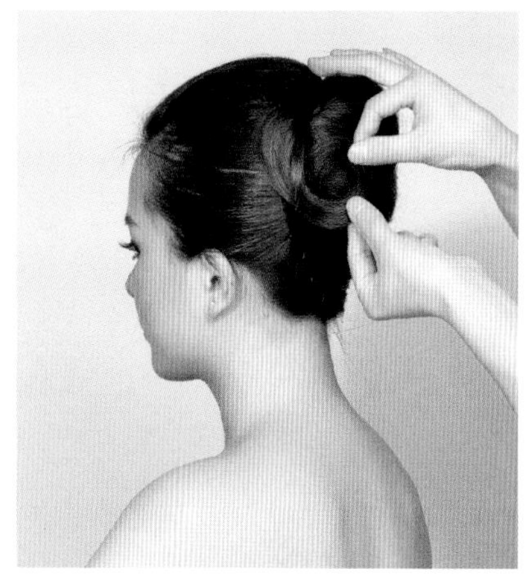

05 将拧转头发的发尾向左侧提拉，做发卷，与后发区的发包衔接并固定。

06 取花边头纱，留出花边，将头纱折叠出纹理。

07 将折叠后的头纱固定在顶区。

08 调整头纱，使左右两边对称。

09 在顶区佩戴皇冠，点缀发型。

PART 3
精通阶段

01 经典白纱发型案例解析

所用手法：

烫发、束马尾、两股续发编辫、两股拧绳、抽丝。

造型重点：

顶区头发要饱满而圆润，后发髻的拧绳抽丝盘发要纹理清晰、轮廓鲜明。

风格特征：

顶区饱满的包发结合精致的拧绳抽丝盘发，再搭配时尚的皇冠，整体发型尽显新娘时尚大气的高贵气质。

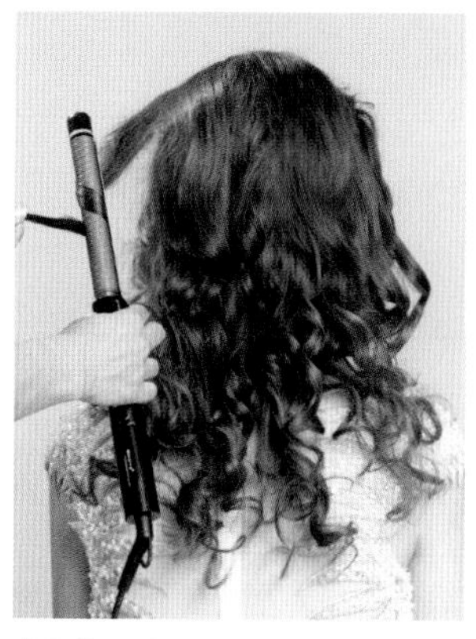

01 将所有的头发烫卷。

02 将顶区头发的根部打毛。

03 将打毛的头发向后梳理干净，并将其束低马尾。

04 取右侧区的头发，进行两股续发编辫。

05 编至发尾后进行抽丝处理。

06 将抽丝后的头发固定在枕骨发髻处。

07 左侧区的头发用相同的手法进行操作。

08 取后发区左侧的一束发片，进行两股拧绳至发尾。

09 将拧绳的头发做抽丝处理。

10 下卡子将抽丝的头发固定。

11 将后发区剩余的头发依次用相同的手法进行操作。

12 在顶区佩戴皇冠，以点缀发型。

所用手法：

拧包、两股拧绳、抽丝、手打卷。

造型重点：

后发区发髻圆润的轮廓及精致的纹理，在打造过程中需注意拧绳抽丝的手法，不可抽拉过重或过轻，过重发片纹理会凌乱无章，过轻则纹理不明显。

风格特征：

简约又不失精致的后发髻盘发搭配发箍头饰，整体发型尽显新娘时尚简约的迷人气质。

01 将顶区头发做拧包后固定。

02 取左侧区的头发，进行两股拧绳后抽丝。

03 将抽丝后的头发固定在枕骨右侧。

04 取右侧区的头发，进行两股拧绳。

05 下卡子将拧绳的头发固定。

06 继续将头发进行两股拧绳抽丝。

07 下卡子固定。

08 取后发区的一束头发，继续进行两股拧绳抽丝。

09 将抽丝后的头发向上提拉并固定，缠绕出圆润的轮廓。

10 将剩余的头发进行两股拧绳并抽丝。

11 将抽丝后的头发向上提拉并固定，发尾做手打卷，收起并固定。

12 佩戴头饰，点缀发型。

所用手法：

打结、拧转。

造型重点：

顶区第一个发结一定要拿捏好，位置控制在枕骨上方处最为合适。在打结续发时，发片要均等一致，提拉的角度要低于 45 度。

风格特征：

简约精致的韩范盘发搭配头饰，整体发型凸显出新娘优雅含蓄的恬静之美。

01 在顶区取两片均等的发片。

02 将两束发片进行打结处理。

03 将向上提拉的发尾由右向左穿过向下的发尾。

04 将穿过发尾的头发再次穿过发结处。

05 将两束发尾合并。

06 取左侧区的一束发片。

07 用相同的手法继续做打结处理。

08 用相同的手法依次操作至发尾。

09 将发尾向左侧耳后方提拉并固定。

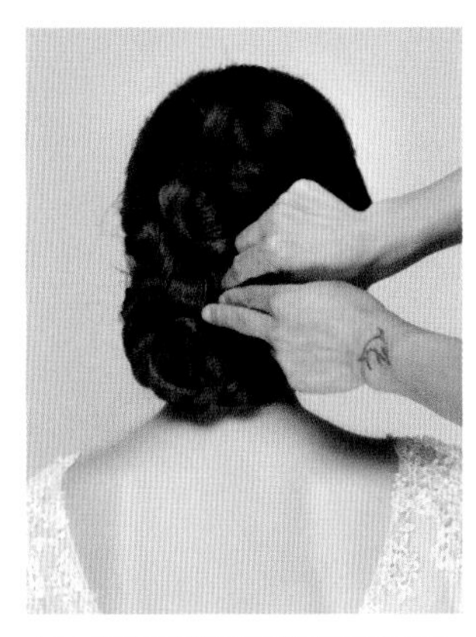

10 将发尾做连续拧转并固定。

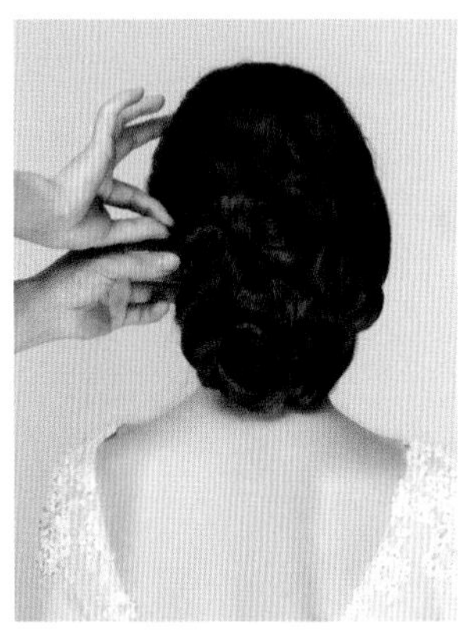

11 调整后发区头发的纹理及轮廓。

12 佩戴头饰，点缀发型。

所用手法：

烫发、三股编辫、外翻烫卷。

造型重点：

在后发区进行三股编辫时，发辫切记一定要编至 2~3 个发结后，就对边缘进行抽拉处理，否则抽拉时会过紧，不利于头发边缘轮廓的塑形；刘海的发丝要有透气感，发丝要做到乱中有序。

风格特征：

精致浪漫的三股编辫发髻结合空气感的刘海，再搭配别致的纱帽，整体发型尽显新娘娇媚清新的甜美气质。

01 将所有的头发烫卷。

02 将烫卷的头发分成均等的三股发片。

03 将三股发片进行三股编辫至发尾，编发时要一边编一边拉扯。

04 将发辫轮廓处理得更加饱满，将发尾用皮筋固定。

05 将发辫向上提拉后，由右向左提拉。

06 用卡子固定发辫。

07 用小号电卷棒将刘海发丝外翻烫卷。

08 调整刘海发丝的纹理。

09 在前额的右侧佩戴头饰，点缀发型。

所用手法：

烫发、三股编辫、拧转、鱼骨编辫、拉丝。

造型重点：

顶区的三股编辫要饱满圆润，左右两侧的拧转发片要与顶区的编发自然衔接，使其轮廓圆润饱满；后发区进行鱼骨编辫时，发辫拉丝纹理要均匀一致，并与顶区的发髻自然衔接。

风格特征：

蓬松浪漫的编发拉丝盘发结合空气感的刘海，并搭配珠花，整体发型凸显出新娘清新甜美的娇俏气质。

01 将头发烫卷后，分出刘海区的头发，并整理出刘海的线条轮廓。

02 在顶区取一束发片，开始向后进行三股编辫至枕骨处。

03 将三股编辫固定在枕骨处后，进行拉丝处理。

04 取左侧区的一束发片，将其向中部发髻处提拉，拧转，并衔接固定。

05 继续取左侧区剩余的发片，用相同的手法进行操作。

06 将右侧区的头发用相同的手法进行操作。

07 将后发区剩余的头发进行鱼骨编辫。

08 将鱼骨编辫的边缘进行拉丝处理。

09 将鱼骨编辫编至发尾，用皮筋固定。

10 将发辫向上拧转盘起。

11 用卡子固定发辫，调整发髻的轮廓。

12 佩戴头饰，点缀发型。

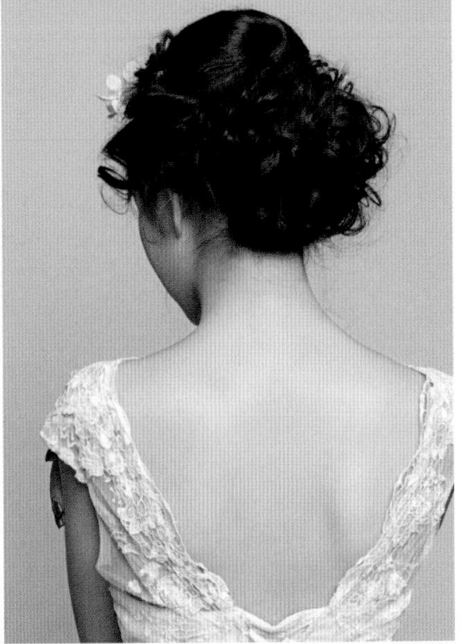

所用手法：

烫发、拧绳抽丝、拧转。

造型重点：

高耸饱满的顶区发包及左右交叉的拧绳抽丝，要确保纹理线条清晰，后发区的发髻轮廓要圆润对称。

风格特征：

蓬松浪漫的卷发发髻结合空气感的抽丝盘发，再搭配永生花，整体发型在灵动高贵中不乏甜美可爱的气息。

01 将所有的头发烫卷。

02 将顶区头发打毛后，做拧包盘起并固定。

03 取左侧区的一束发片，拧绳抽丝。

04 将抽丝后的头发沿着顶区缠绕并固定好。

05 取右侧区的一束发片，拧绳抽丝。

06 将抽丝后的头发由右向左提拉并固定好。

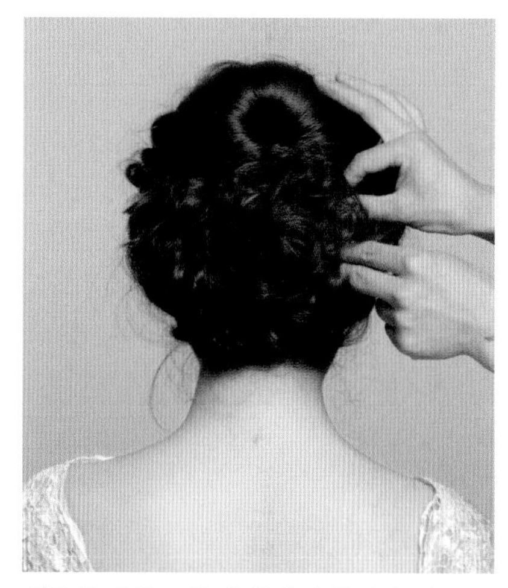

07 将后发区的头发分出数个发片，依次向上拧转盘起并固定。

08 调整刘海的线条及轮廓。

09 佩戴永生花，点缀发型。

所用手法：

烫发、束马尾、拧绳。

造型重点：

后发髻的各拧绳之间要衔接自然，轮廓要圆润饱满，不宜有空缺，同时前额刘海处的发丝要有透气感。

风格特征：

低调含蓄的低发髻盘发优雅而端庄，结合前额空气感的发丝，再搭配精美的发箍头饰，发型尽显新娘优雅恬静的娇美气质。

01 将所有的头发烫卷。

02 将所有的头发束低马尾。

03 在顶区佩戴发箍饰品。

04 将后发区的头发分出数个发片做拧绳，将第一个拧绳从另两股拧绳之下穿过。

05 将拧绳的发尾拧转，并将其固定。

06 继续将第二束发片做拧绳处理，向上提拉，拧转，盘起并固定。

07 拧绳处理前调整第三股发片的形状。

08 将调整形状后的发片向上拧转，盘起并固定。

09 调整头饰，并将留出的头发整理出蓬松透气的感觉。

所用手法：

烫发、束马尾、连续拧转、两股拧绳。

造型重点：

后发区的发髻高度要控制好，不可高于顶区，高低要根据马尾的高低来决定。发卷之间的纹理要清晰，层次要鲜明，轮廓要圆润，同时刘海的两股拧绳与后发髻要自然衔接，不可脱节。

风格特征：

圆润饱满、纹理清晰、层次鲜明是整个后发髻的特点，结合高耸的两股拧绳刘海，再搭配顶区的皇冠，整体发型尽显新娘雅致静美的高贵气质。

01 将所有的头发烫卷后，分出上下两个发区。

02 将上下两个发区的头发分别用皮筋固定。

03 取上发区的一束发片，连续拧转并固定。

04 继续取出另一束发片，连续拧转并固定。

05 用相同的手法对剩余的发片进行操作。

06 将剩余的两束发片交叉拧转。

07 拧转后将下方的发片向上提拉，拧转并固定。

08 以相同的手法将剩余的头发操作至发尾。

09 将刘海区的头发分成两个均等的发片后，进行两股拧绳续发处理。

10 将两股拧绳操作至发尾。

11 将拧绳的头发衔接固定在后发区的发髻处。

12 在顶区佩戴皇冠，以点缀发型。

所用手法：

烫发、三股编辫。

造型重点：

在处理顶区中部的三股编辫时，顶区部位的轮廓要饱满而高耸。发辫编至 2~3 个发结时，要拉扯发结。在编发的过程中，发辫不可过紧，左右续入的发片大小要均等。

风格特征：

蓬松浪漫的后缀式编发精致而不失自然与灵动，搭配偏侧的纱帽，整体发型凸显出新娘甜美清秀、浪漫迷人的气质。

01 将所有的头发烫卷。

02 取顶区中间部分的头发，由顶区上方向下进行三股编辫。

03 对发辫边缘拉扯后，用皮筋固定发尾。

04 取左侧区的一束发片。

05 将发片穿过三股编辫左侧边缘的头发。

06 依次取左侧头发，用相同的手法进行操作。

07 用相同的手法对右侧的头发进行操作。

08 拉扯穿入的发片边缘，调整后发区发型的轮廓及线条。

09 取小号电卷棒，将左右两耳处的发丝烫卷。

10 在后发区佩戴精美的蝴蝶结头饰。

11 在前额左侧处佩戴纱帽，点缀发型。

12 调整前额边缘的发丝走向。

所用手法：

烫发、打毛、三股编辫、抽丝。

造型重点：

后发区在三股编辫时，动作要轻，使发辫具有蓬松感。外翻刘海纹理线条要清晰，要有透气感，并与顶区头发自然衔接。

风格特征：

蓬松浪漫的编发柔美而飘逸，搭配别致的网纱纱帽，整体发型凸显出新娘唯美浪漫的清新气质。

01 将顶区头发根部做打毛处理后，将其向后梳理干净，固定在枕骨下方。

02 在卡子固定珠链饰品。

03 将所有的头发与珠链饰品进行三股编辫至发尾。

04 拉扯发辫边缘。

05 在发辫的左右两侧抽出少许发丝。

06 在左右两耳处也抽出少许发丝。

07 用夹板外翻烫卷刘海。

08 整理出刘海的发丝线条及纹理。

09 佩戴头饰，点缀发型。

所用手法：

烫发、打毛、两股拧绳、手推花。

造型重点：

前额空气感发丝要灵动自然，后发髻的手推花发髻组合要叠加有序，轮廓要饱满而圆润。

风格特征：

时尚动感的空气感盘发结合后发区手推花组合发髻，搭配头饰，整体发型凸显出新娘时尚动感、清新俏丽的气质。

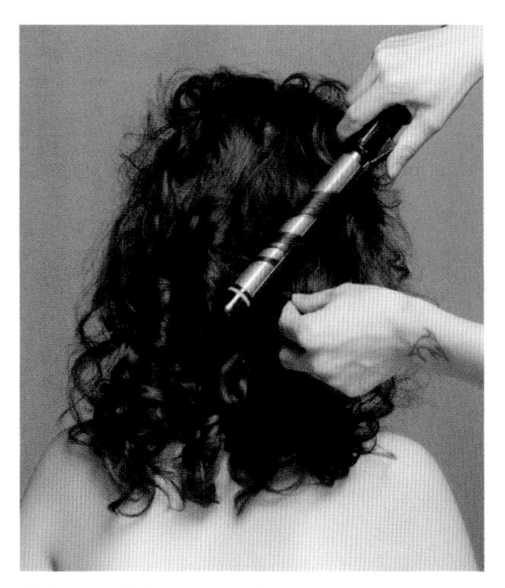

01 将所有的头发烫卷。

02 将前额边缘头发的根部做打毛处理。

03 将所有的头发向后梳理，制造蓬松饱满的空气感轮廓。

04 在枕骨上方取一束发片，做发髻并进行固定。

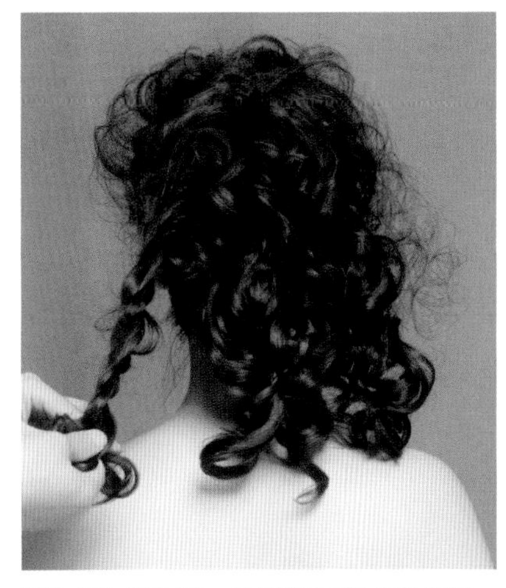

05 将左侧区的一束发片进行两股拧绳。

06 将拧绳的头发做手推花，向上盘起并固定。

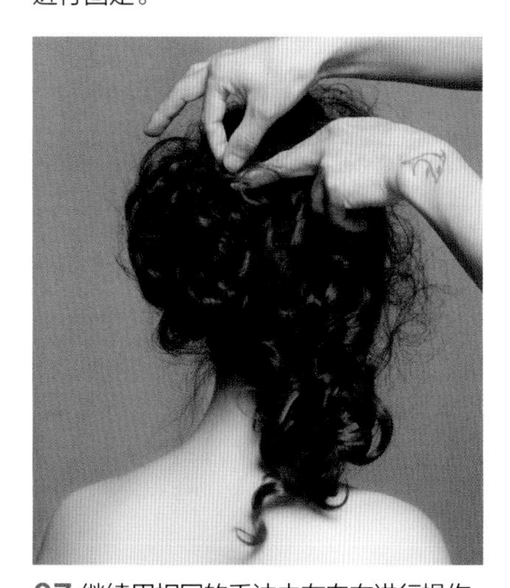

07 继续用相同的手法由左向右进行操作。

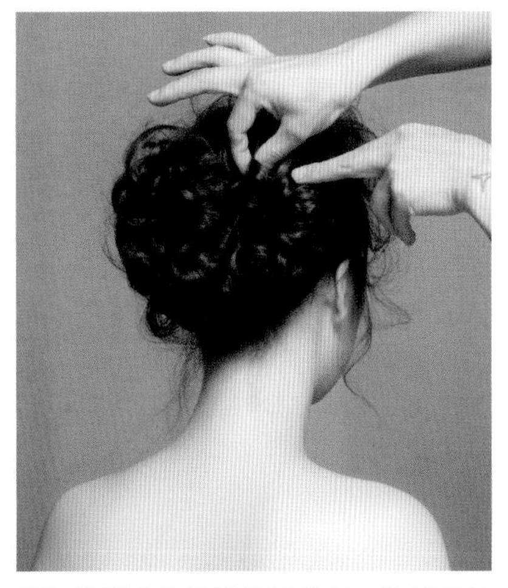

08 将剩余的头发做手推花，将其盘起并固定。

09 佩戴绢花，点缀发型。调整前额的发丝纹理，喷发胶定型。

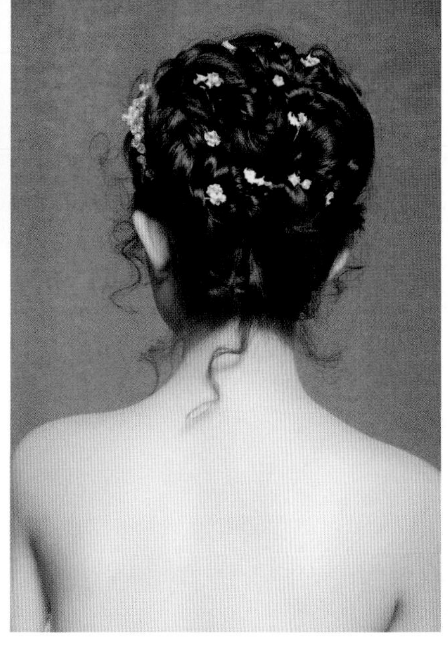

所用手法：

烫发、拧包、两股拧绳、抽丝。

造型重点：

后发区进行拧绳抽丝时，纹理要清晰，轮廓弧度要鲜明饱满。边缘下垂的发丝不宜过多，上下左右的摆放位置要协调自然。

风格特征：

森系拧绳抽丝盘发的轮廓圆润而饱满，纹理清晰而富有层次感，搭配碎花及珍珠发箍，整体发型尽显新娘甜美可人的气质。

01 将所有的头发烫卷。

02 将顶部的刘海向后拧包并固定。

03 取枕骨处的头发，向上提拉并做两股拧绳抽丝处理。

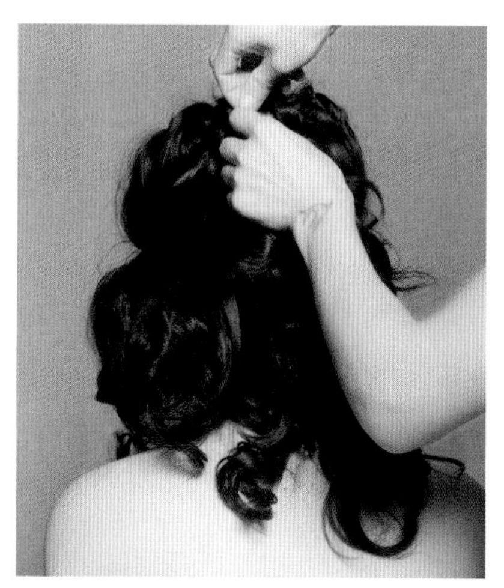

04 将抽丝的头发缠绕固定在枕骨上方。

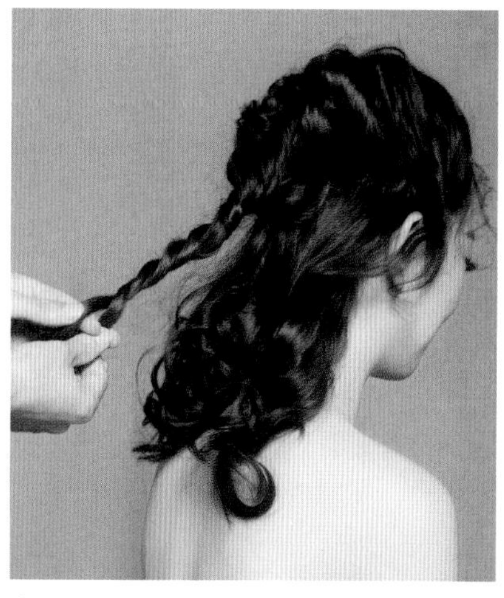

05 继续取一束发片，进行两股拧绳抽丝，将其缠绕盘起。

06 取后发区右侧的头发，进行两股拧绳后抽丝，将其盘起并固定。

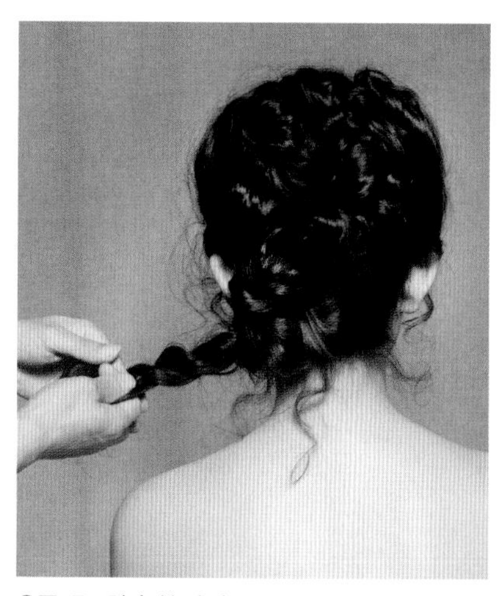

07 取剩余的头发，对其进行两股拧绳并抽丝。

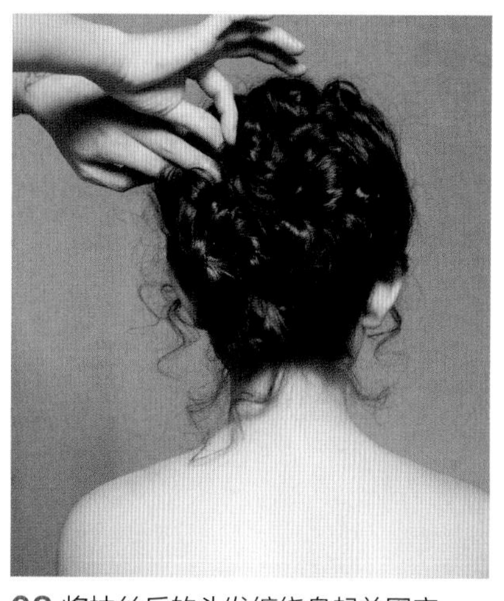

08 将抽丝后的头发缠绕盘起并固定。

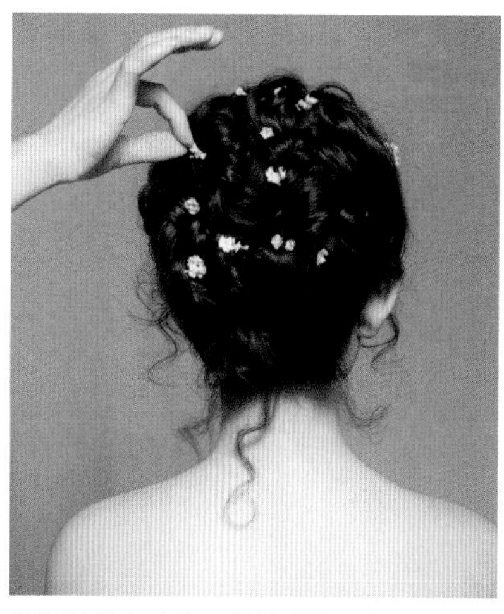

09 佩戴小碎花及发箍头饰，点缀发型。

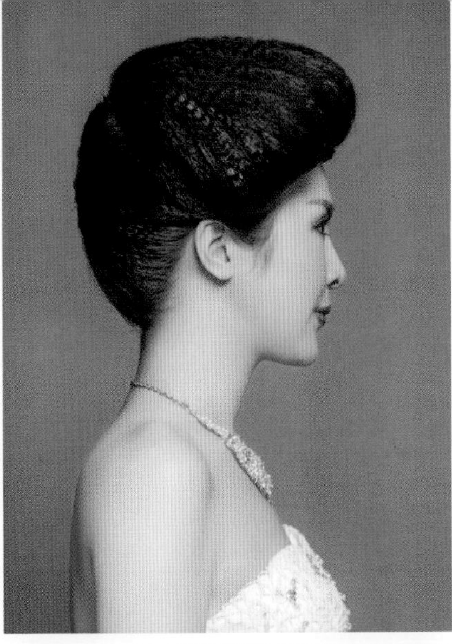

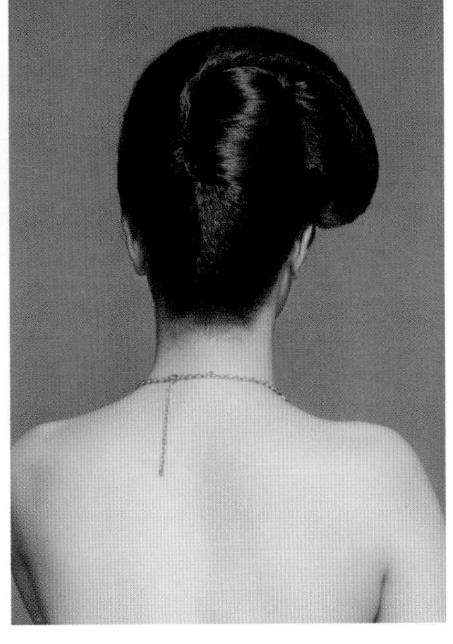

所用手法：

拧包、卷筒。

造型重点：

拧包时头发提拉的角度最好与顶区垂直，顶区刘海卷筒的轮廓要圆润光滑。

风格特征：

高贵简洁的拧包盘发结合复古风格的卷筒发包，再搭配小巧精致的钻饰，整体发型尽显新娘时尚个性、高贵复古的独特气质。

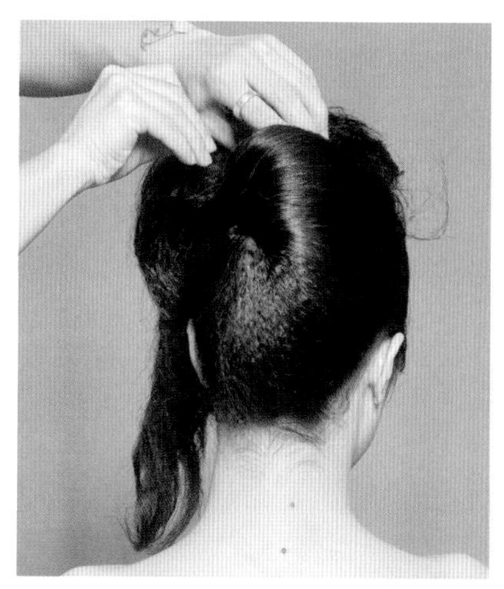

01 将头发做高耸拧包。

02 用卡子固定拧包。

03 将发尾的头发分成两个发片。

04 将第一束发片向前提拉，并将发尾向内卷起。

05 沿着前额额头的边缘下卡子将卷筒固定，将卷筒左右两侧的轮廓打开。

06 取另一束发片，向前提拉，用鸭嘴夹固定。

07 将发尾由前向后对折并提拉。

08 将提拉后的头发的尾部向内拧转，固定并收起。

09 在左侧区佩戴头饰，点缀发型。

所用手法：

两股拧绳、拧绳、S 烫。

造型重点：

左右两侧的波纹纹理是此款发型的关键，在进行 S 烫时，要用夹板以一上一下的相反方向烫发，同时发片提拉的角度要大于 40 度。

风格特征：

简约的拧绳低发髻结合复古优雅的波纹刘海，再搭配个性时尚的圆形皇冠，整体发型凸显出新娘高贵复古、时尚俏丽的公主范儿。

01 将头发以左侧眉峰为基准线分出左右两侧的刘海。

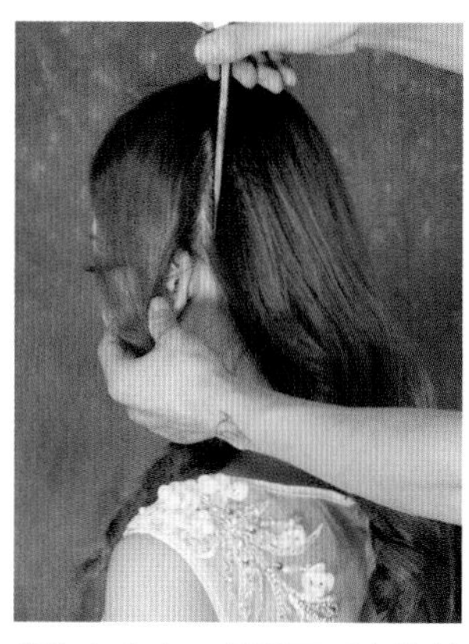

02 在左右两侧以耳后方为基准线分出三个发区。

03 将后发区的头发进行两股拧绳至发尾。

04 将拧绳的头发缠绕盘起，固定成低发髻。

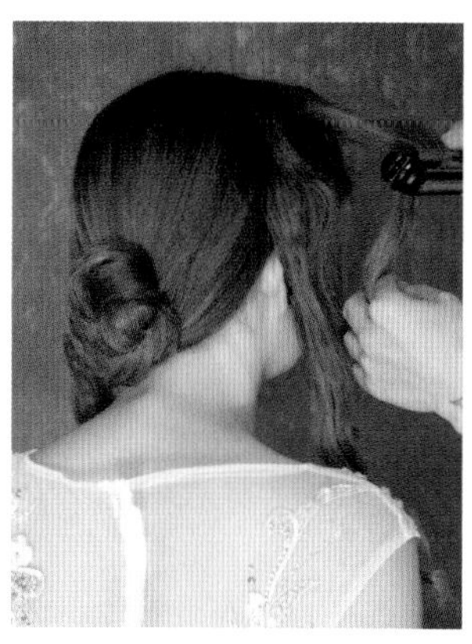

05 取夹板，对右侧刘海区的头发进行S烫处理。

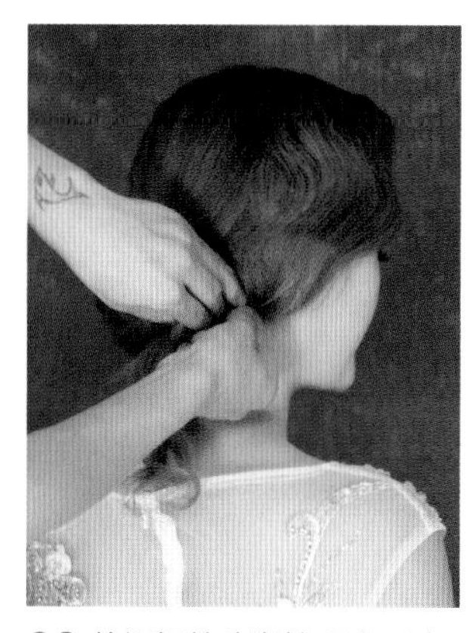

06 将烫好的头发梳理出弧度，向后提拉并固定。

07 将固定好的头发的发尾做拧绳处理。

08 用拧绳的发尾缠绕后发髻的边缘并固定。

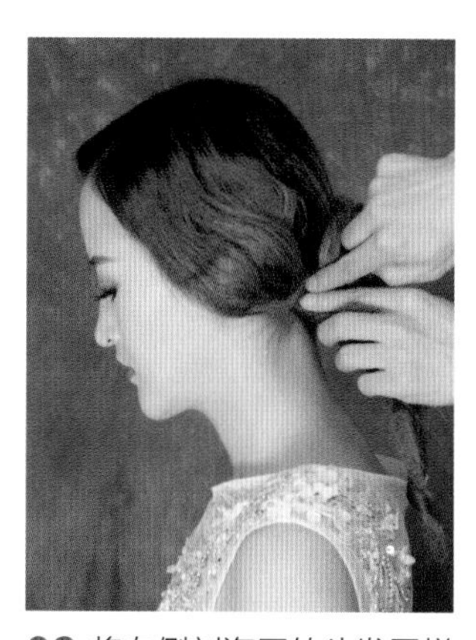

09 将左侧刘海区的头发同样进行S烫后，向后拧转并固定。

10 将发尾同样做拧绳处理。

11 将拧绳的发尾缠绕后发髻的边缘并固定。

12 在顶区佩戴皇冠，以点缀发型。

所用手法：

烫发、束马尾、三股编辫。

造型重点：

烫发时只需将头发从中端到尾部烫卷即可，马尾扎发的位置在枕骨下方。刘海偏侧的三股发辫要编得蓬松些。

风格特征：

下垂的马尾简单自然，微卷的披发浪漫优雅，结合精致的偏侧编发刘海，搭配珠花发箍，整体发型呈现出柔美的韩式风格。

01 将所有的头发烫卷。

02 将所有头发分成上下两个发区，将上发区的头发束低马尾。

03 紧握马尾，拉扯马尾边缘的头发，使其蓬松。

04 将发尾穿过马尾中间绕一圈。

05 将后发区左侧的发片由下向上提拉，穿过马尾中间，将发尾留出。

06 继续将后发区右侧的头发用相同的手法进行操作。

07 将发尾的发卷整理出纹理。

08 对刘海进行 S 烫处理。

09 将烫好的头发梳理开后，进行三股编辫至发尾。

10 将发尾头发缠绕在后发髻的下方，将其固定。

11 在左右两耳处抽出少量发丝，修饰轮廓。

12 在顶区佩戴发箍头饰，点缀发型。

所用手法：

拧转、两股拧绳、烫发。

造型重点：

后发区两股拧绳发髻叠加时要有层次感，后发区左右轮廓要对称而圆润，前额处的飞丝要有线条感。

风格特征：

层次鲜明、纹理清晰的后发髻盘发结合顶区从皇冠到前额的发丝，尽显新娘优雅大气、灵动的气质。

01 取顶区的一束发片，拧转并固定。

02 将拧转的发片的发尾做卷筒收起并固定。

03 取左侧区的头发，进行两股拧绳处理。

04 将拧绳沿着顶区发髻缠绕并固定。

05 取右侧区的一束发片，进行两股拧绳处理。

06 将拧绳对折，固定在枕骨下方处。

07 将剩余的头发进行两股拧绳至发尾。

08 将拧绳收起并固定。

09 将刘海区的头发向后进行两股拧绳至发尾。

10 将两股拧绳缠绕在顶区发髻的边缘并固定。

11 在顶区佩戴皇冠，以点缀发型。

12 在发际线边缘抽出少许发丝，将其烫卷。

所用手法：

三股单边续发编辫、三股续发编辫、拧转、烫发。

造型重点：

刘海编发时要向上提拉，切不可沿着额头边缘编辫，同时顶区的三股续发编辫要与刘海编辫自然衔接。发辫的纹理大小要一致。

风格特征：

精致的编发加上用拧转手法打造的发髻，凸显出新娘甜美雅致的风格，搭配清新的绢花，整体发型娇俏而动人。

01 将刘海区的头发进行三股单边续发编辫至发尾。

02 拉扯发辫边缘的头发，使发辫蓬松自然。

03 将发辫对折，收起并固定。

04 从左侧区向顶区延伸，进行三股续发编辫至右侧区，将发辫固定。

05 取后发区左侧的一束发片，向上拧转后固定。

06 将后发区的头发由左向右依次拧转并固定，将发尾留出。

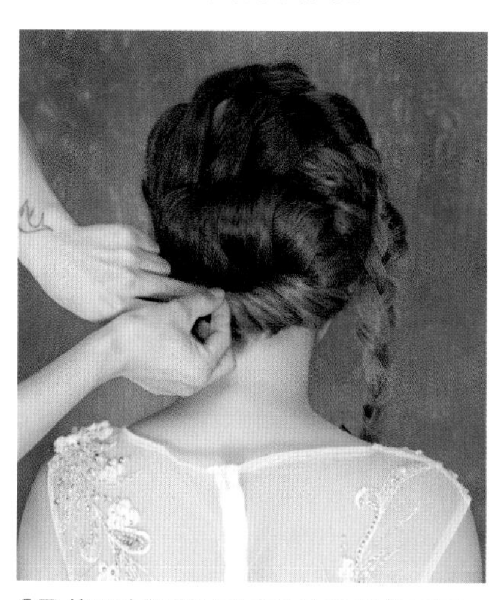

07 将留出的发尾由右向左拧转并固定。

08 抽出前额边缘少量的发丝，用电卷棒将其烫卷。

09 佩戴绢花，点缀发型。

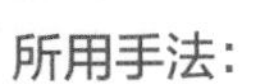

所用手法：

烫发、拧转、两股拧绳、抽丝、三股编辫。

造型重点：

在打造此款发型时，烫发的技巧尤为关键。烫发时，发片提拉角度要大于 90°；同时，一定要烫到头发根部，使头发更加蓬松饱满。进行偏侧的三股编发操作时，手法一定要轻，应跟着发卷的纹理走向编辫。

风格特征：

蓬松自然的顶区发型结合田园风格的偏侧编发，再点缀发箍饰品，整体发型尽显新娘婉约端庄的淑女气质。

01 取中号电卷棒，将所有的头发烫卷。

02 取刘海区的一束发片，向后提拉，拧转并固定。

03 再取刘海区左侧的一束发片，向后提拉，拧转并固定。

04 继续取刘海区左侧剩余的头发，向上提拉，拧转并固定。用相同的手法对刘海区右侧进行操作。

05 取后发区的两束发片，进行两股拧绳处理。

06 将拧绳抽丝后，拧转并固定在顶区。

07 继续将枕骨上方的头发进行两股拧绳，将其抽丝并盘起。

08 将剩余的头发向右侧进行三股编辫至发尾。

09 将发辫的发尾用皮筋固定。

10 拉扯发辫边缘，使其纹理轮廓更加清晰饱满。

11 调整前额处的发丝线条。

12 佩戴头饰，点缀发型。

所用手法：

烫发、打毛、拧转、两股拧绳、抽丝。

造型重点：

顶区拧包要饱满蓬松。后发区拧绳提拉的高度要大于耳尖位置，否则后发区边缘会显得松垮不紧致。同时拧绳与枕骨发髻要形成无缝衔接，前额的发丝线条要处理得灵动轻盈一些，这样操作可使发型更显生动。

风格特征：

此款发型为传统的发型，通过当下流行的拧绳抽丝手法操作而成，结合发丝的线条及蓬松的纹理，打造自然的效果。再搭配精致的头饰与头纱，整体发型尽显新娘时尚大气的优雅气质。

01 取中号电卷棒，将所有的头发烫卷。

02 取顶区的一束发片，进行根部打毛处理。

03 将打毛的头发向上提拉，拧转并固定。

04 将右侧区的头发向后提拉，拧转并固定在枕骨处。

05 取左侧区的头发，向后提拉并拧转，固定在枕骨处。

06 取枕骨处的发片，两股拧绳并抽丝。

07 将抽丝后的发片缠绕拧转，固定在顶区。

08 对后发区剩余的头发进行两股拧绳。

09 两股拧绳至发尾后，拉扯拧绳的边缘。

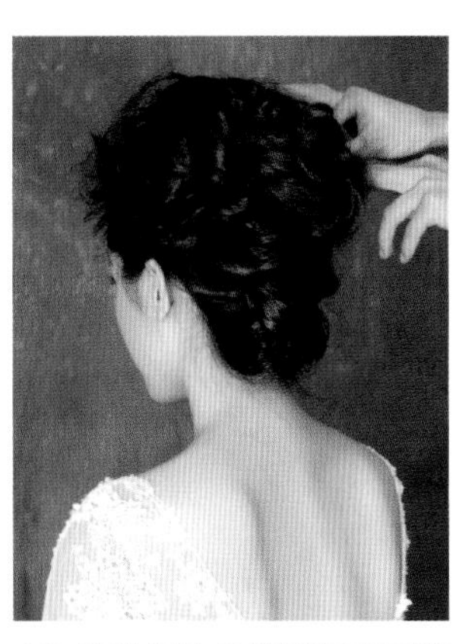

10 将拧绳的头发缠绕顶区发髻的边缘，进行固定。

11 用尖尾梳调整前额处发型的轮廓及线条。

12 佩戴精美发箍头饰及头纱，点缀发型。

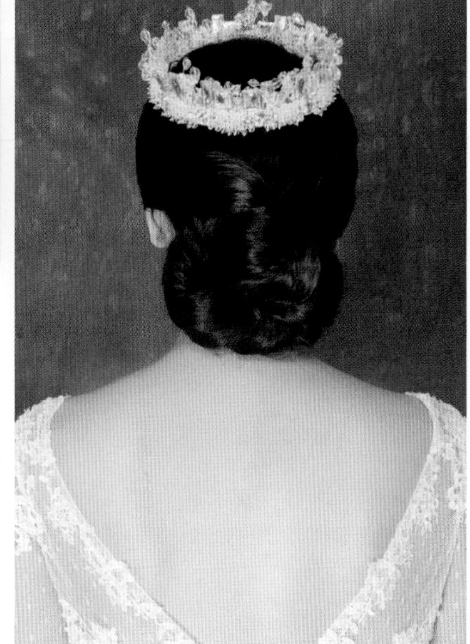

所用手法：

束马尾、拧绳。

造型重点：

此款发型操作手法极为简单，重点只需掌握好发型的光洁感。注意根据新娘脸形的特点来掌握刘海的发区划分。

风格特征：

极简的拧绳低发髻盘发搭配华丽的皇冠，整体发型尽显新娘时尚优雅的气质。

01 将刘海区的头发四六分。

02 以左右两侧耳后方的连接线为基准线分出两侧区及后发区。

03 将后发区的头发束低马尾。

04 将右侧刘海区的头发做拧绳处理。

05 用拧绳缠绕马尾发髻并固定。

06 将左侧刘海区的头发向后提拉，缠绕马尾发髻并固定。

07 将马尾的头发做拧绳处理至发尾。

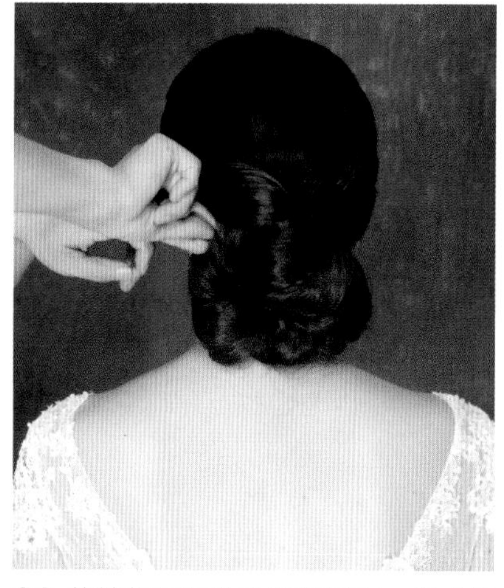

08 将拧绳后的头发拧转固定，盘成低发髻。

09 在顶区佩戴皇冠，点缀发型。

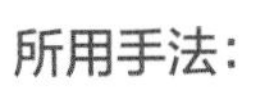

所用手法：

烫发、拧绳、三股编辫。

造型重点：

刘海处的头发要光洁，刘海偏侧的弧度要圆润流畅，后发区的偏侧发髻要饱满、清晰。

风格特征：

轮廓圆润的偏侧刘海极好地修饰了脸形，结合偏侧发髻，再搭配精美的头花，整体发型凸显出新娘典雅迷人的气质。

01 将所有的头发用中号电卷棒烫卷。

02 对刘海区的头发进行三七分。

03 以右侧耳垂处为基准分出刘海区的头发，进行拧绳处理后将其固定。

04 取左侧区的头发，向后发区中部提拉并拧转。

05 用卡子将拧转后的头发固定。

06 对剩余的头发进行三股编辫至发尾。

07 将发辫盘绕成圆形轮廓。

08 将盘绕后的头发固定在后发区的右侧。

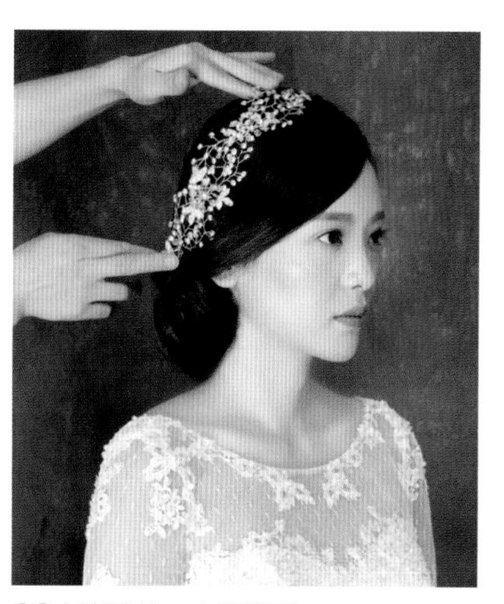

09 佩戴头饰，点缀发型。

所用手法：

烫发、连续拧转、两股拧绳。

造型重点：

在打造发型时，应注意顶区头发的连续拧转要向中部集中，枕骨处的连续拧转则要向一个方向操作。顶区及枕骨处的发型轮廓要饱满高耸，边缘两股拧绳的外围轮廓要圆润，与顶部发型轮廓融为一体。

风格特征：

精致的连续拧转盘发层次鲜明，结合边缘灵动的发丝，加上永生花的衬托，整体发型尽显新娘清新甜美的森女风格。

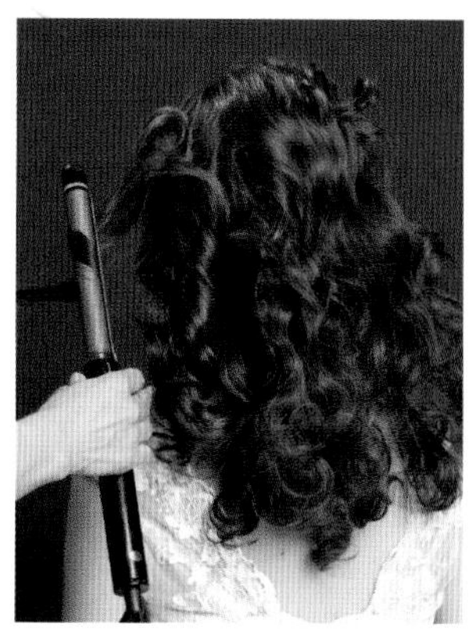

01 将所有头发用电卷棒烫卷。

02 取顶区的一束发片，拧转并固定。

03 以相同的手法，依次将顶区的头发连续拧转并固定。

04 取枕骨上方左侧的一束发片，由左向右连续拧转并固定。

05 继续取后发区左侧的一束发片，用相同的手法进行操作。

06 取右侧区的头发，由前向后进行两股拧绳处理。

07 在由右向左进行两股拧绳处理。

08 将其固定在左侧区上方。

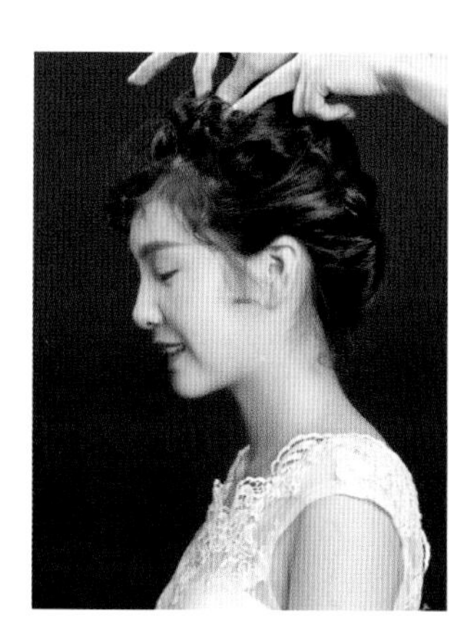

09 将发尾向顶区提拉，拧转并固定。

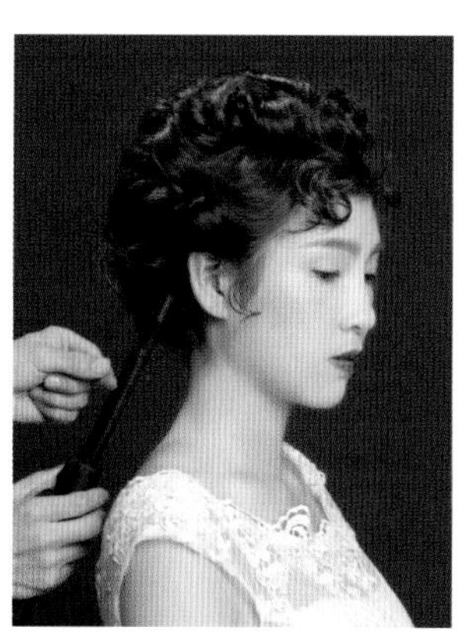

10 抽出边缘少许发丝，用小号电卷棒烫卷。

11 将刘海区的头发以内扣的手法烫卷，调整发丝的线条及纹理。

12 佩戴永生花，点缀发型。

所用手法：

烫发、拧包、两股拧绳、抽丝。

造型重点：

在打造发型时，后发区发髻的轮廓要处理得圆润饱满；同时，纹理线条要有层次感。在处理外翻刘海时，要考虑与头饰搭配的协调性。

风格特征：

精致的后发区盘发结合时尚外翻的线条刘海，再搭配复古的纱帽，整体发型凸显出新娘时尚高贵的典雅气质。

01 将所有的头发用中号电卷棒烫卷。

02 将顶区的头发做拧包后固定。

03 取后发区的一束发片，进行两股拧绳后抽丝。

04 将抽丝后的头发拧转盘绕并固定。

05 继续在后发区取一束发片，用相同的手法进行操作。

06 将剩余的头发依次用相同的手法进行操作，轮廓要处理得饱满而圆润。

07 将刘海区的头发进行外翻烫卷处理。

08 用尖尾梳调整刘海发丝的线条，喷发胶定型。

09 在左侧前额处佩戴复古纱帽，点缀发型。

02 经典晚礼发型案例解析

所用手法：

束马尾、内扣烫发、三股编辫。

造型重点：

顶区发髻的发片要错落有序地进行组合固定，刘海区的发辫在编发时要蓬松饱满一些。

风格特征：

精致蓬松的编发刘海结合高耸的发髻盘发，再搭配时尚的皇冠，整体发型尽显新娘高贵优雅的明星气质。

01 将后发区的头发束高马尾。

02 取一束发片，将其对折后用皮筋捆绑。

03 将发髻拉出轮廓，用卡子固定。

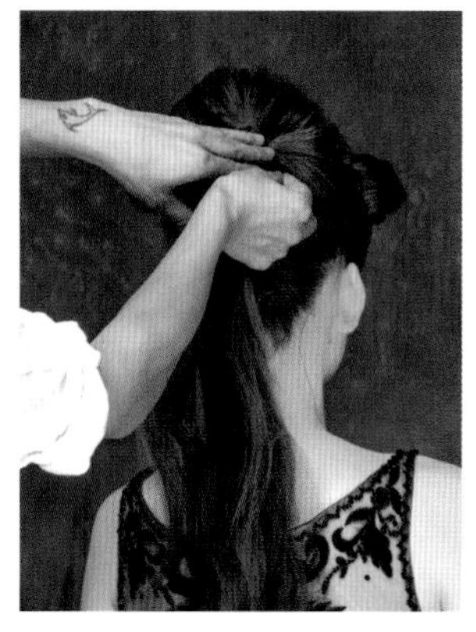

04 继续用相同手法进行操作。

05 将后发区的头发由上到下依次进行操作。

06 发髻要呈现出由大到小的样子。

07 将剩余的发片用相同的手法全部操作完成。

08 将刘海内扣烫卷。

09 将发卷进行三股编辫。

10 将发辫沿着发髻边缘缠绕并固定。

11 拉扯发辫的边缘，使其轮廓饱满。

12 在顶区佩戴皇冠，以点缀发型。

所用手法:

交叉打结、两股拧绳。

造型重点:

此款发型的重点在于掌握刘海拧绳抽丝的线条，在做到轮廓饱满的同时，线条要清晰，后发髻要紧致有型。

风格特征:

纹理清晰的低发髻盘发结合蓬松自然的拧绳偏侧刘海，再搭配华丽的皇冠，整体发型凸显出新娘高贵典雅的女神气质。

01 在后发区左右两侧各取一束发片。

02 将两束发片交叉拧转并打结。

03 用卡子将头发固定。

04 继续用相同的手法制作第二个发髻。

05 对剩余的头发进行两股拧绳至发尾。

06 将拧绳盘起并固定。

07 对刘海进行两股拧绳至发尾，拉扯拧绳边缘。

08 将拧绳的头发向后提拉并固定。

09 在顶区佩戴皇冠，点缀发型。

所用手法：

烫发、蝎子编辫、两股拧绳。

造型重点：

此款发型以组合手法打造而成，左右两侧的两股拧绳的发区要左大右小，提拉的力度要左松右紧。

风格特征：

两股拧绳结合蝎子编辫，打造出纹理精致的低发髻。前侧随性自然的发卷线条，让发型增添了一份灵动感。搭配头饰后，整体发型尽显新娘浪漫婉约的气质。

01 将所有的头发用中号电卷棒烫卷。

02 将烫卷的头发分出左、中、右三个发区，并对中发区进行蝎子编辫。

03 将蝎子编辫编至发尾，用皮筋固定。

04 取右侧区的头发，进行两股拧绳。

05 将拧绳的头发向左侧提拉并固定。

06 取左侧区的头发，进行两股拧绳。

07 将拧绳的头发向右侧提拉并固定。

08 将后发区的发辫由发尾向上盘起。

09 将盘起的发髻固定在后发区。

10 在刘海区左右两侧挑出少许发丝。

11 用小号电卷棒烫卷发丝。

12 佩戴头饰，点缀发型。

所用手法：

烫发、束马尾、拧转、卷筒。

造型重点：

马尾的位置应在枕骨处，过高或过低都会影响发型的整体轮廓。外围边缘的卷筒要与顶区发髻自然衔接。

风格特征：

外扩式的欧式卷筒盘发结合顶区华丽的皇冠，整体发型尽显新娘高贵复古的女王气质。

01 将所有的头发用中号电卷棒烫卷。

02 将顶区的头发束马尾。

03 将马尾根部的头发向上推送，并用卡子固定。

04 将发尾的头发向内拧转。

05 用卡子固定，使其呈半圆状发髻轮廓。

06 取左侧区的头发，做卷筒盘起并固定。

07 沿着发髻边缘继续做卷筒，将卷筒盘起并固定。

08 用相同的手法继续对剩余的头发进行操作。

09 处理至后发区的右侧。

10 将刘海区的头发拧转，并拉扯头发的边缘，使其轮廓更加饱满。

11 将刘海的发尾做卷筒处理，收起并固定。

12 佩戴头饰，点缀发型。

所用手法：

烫发、内扣拧转、连续卷筒、拧转。

造型重点：

此款发型看似复杂，其实只需掌握好发型整体的轮廓走向，运用组合的手法即可完成操作。需注意发卷与发卷之间要衔接自然，不可有空隙。

风格特征：

层叠有序的发卷组合盘发结合复古的内扣刘海，再搭配精美的头饰，整体发型极好地凸显出新娘复古而优雅的气质。

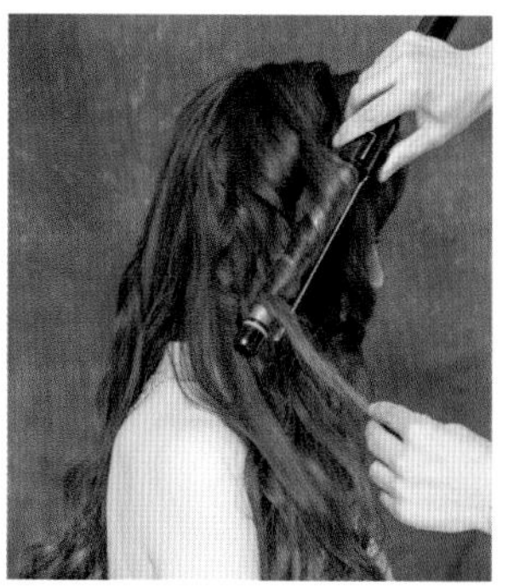

01 将所有的头发烫卷。

02 取顶区的一束发片，做内扣拧转并固定。

03 继续用相同的手法对刘海区的发片进行操作。

04 将刘海区的头发做内扣拧转并固定。

05 继续取一束发片，做内扣拧转并固定。

06 取顶区的一束发片，做拧转后将其固定。

07 用相同的手法进行操作，直至左侧区后耳处。

08 取后发区左侧的一束发片，向上提拉并固定。

09 继续取一束发片，向右侧上方提拉并拧转。

10 将发尾拧转并固定。

11 将剩余的发尾与刘海的发髻衔接并固定。

12 继续取后发区右侧的头发，向上提拉，拧转并固定。

13 用相同的手法继续处理剩余的头发。

14 将发尾做连续卷筒，盘起后将其固定。

15 将剩余的头发用相同的手法收起并固定。

16 佩戴头饰，点缀发型。

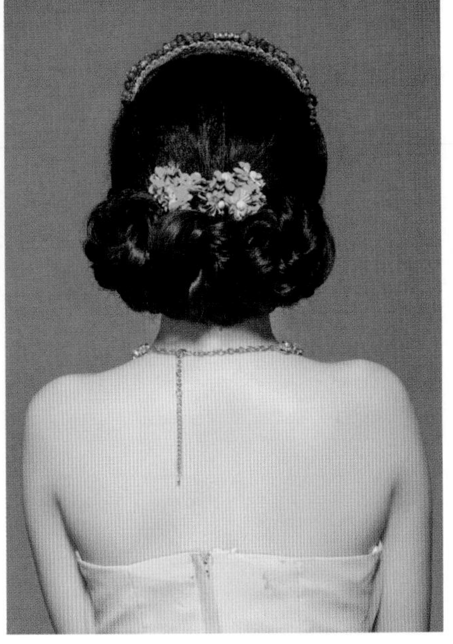

所用手法：

玉米烫、拧包、拧转、鱼骨编辫。

造型重点：

顶区头发要饱满而圆润，后发髻的拧绳抽丝盘发要纹理清晰，轮廓鲜明。

风格特征：

饱满的编发组合低发髻盘发加上中分对称的刘海，搭配巴洛克风格的彩冠，整体发型尽显新娘端庄优雅的明星气质。

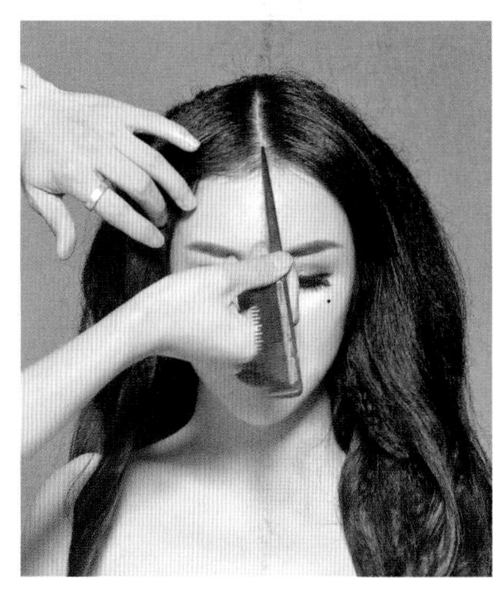

01 将所有的头发进行玉米烫，将刘海区的头发中分，分出左右发区。

02 将顶区做拧包盘起并固定。

03 取左侧区的刘海，向后拧转并固定。

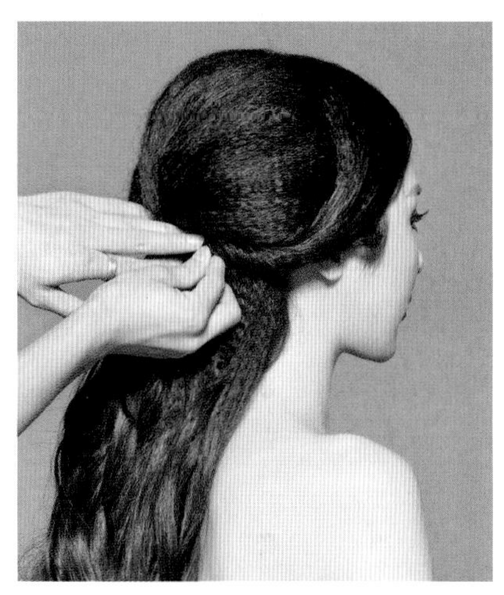

04 将右侧区的刘海用相同的手法进行操作。

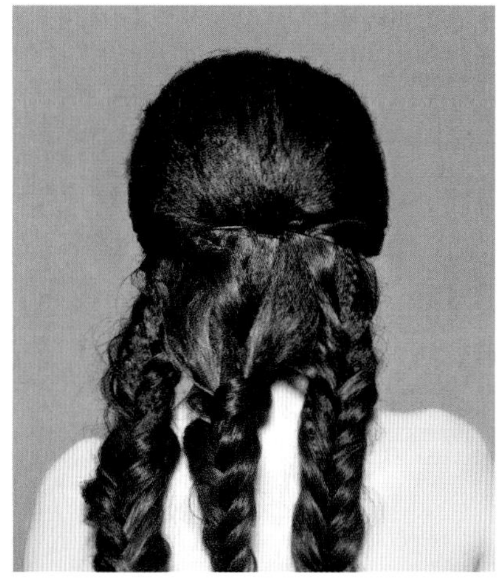

05 将后发区剩余的头发分成三股均等的发片，进行鱼骨编辫处理。

06 将左侧的发辫向上盘起并固定。

07 将中部的发辫与第一个发髻衔接后固定。

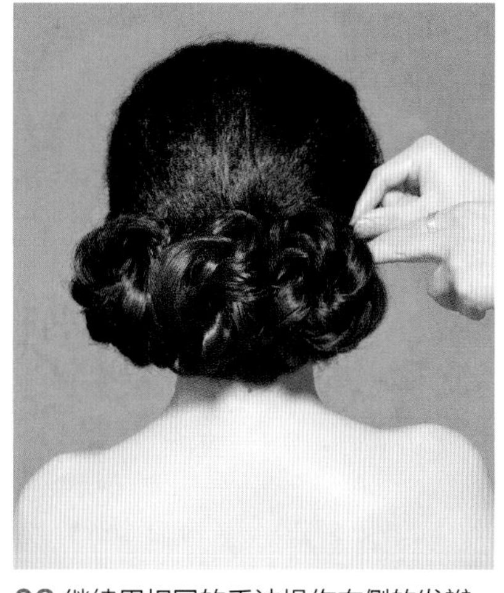

08 继续用相同的手法操作右侧的发辫。

09 佩戴头饰，点缀发型。

所用手法：

烫发、拧转、两股拧绳、抽丝。

造型重点：

在后发髻进行两股拧绳抽丝盘发时，要掌握发型轮廓的饱满度，应遵循“缺哪里补哪里”的原则。同时刘海发区的头发要与后发区衔接自然。

风格特征：

精致婉约的及颈发髻最能展现新娘优雅娴静的气质，点缀碎花丝缎蝴蝶结，为发型增添了一种清新与俏丽的感觉。

01 将所有的头发烫卷，取左侧的一束头发，向枕骨处拧转并固定。

02 取右侧区的头发，向枕骨处提拉，拧转并固定。

03 取后发区左侧的一束发片，进行两股拧绳后抽丝，将其盘起并固定。

04 由左向右，依次进行两股拧绳抽丝操作。

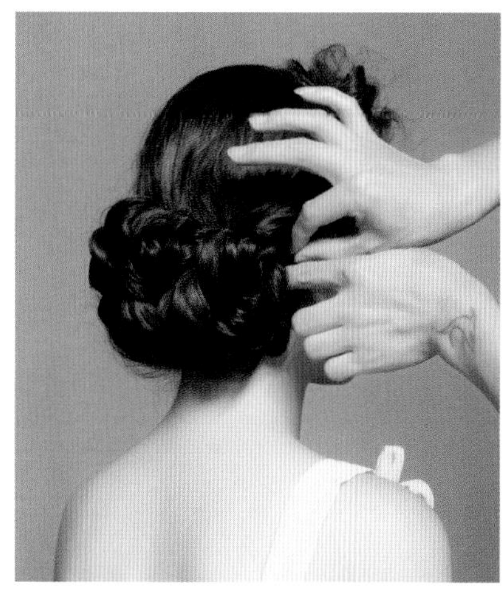

05 将拧绳操作至尾部，注意后发髻的轮廓要鲜明协调。

06 将刘海区的头发进行外翻烫卷处理后，将其沿着发卷的纹理拧转至发尾。

07 将拧转后的头发向后提拉，固定在后发区右侧的发髻处。

08 拉扯刘海发卷的边缘轮廓，使刘海的线条轮廓更加饱满。

09 在后发髻上方佩戴头饰，点缀发型。

所用手法：

烫发、做假辫、手推花。

造型重点：

右侧的假辫轮廓要饱满蓬松，操作时以左右交叉的方式固定。前额顶区的发丝线条要有透气感。

风格特征：

浪漫灵动的空气感盘发由假辫与手推花组合而成。通过碎花的点缀，发型更具有层次感，整体发型尽显新娘时尚清新的气质。

01 将所有的头发烫卷，用手指抓开。

02 取右侧区的两束均等发片，进行假辫处理。

03 将假辫编至后发区的右下方，拉扯发辫的边缘。

04 对发尾的头发进行三股编辫。

05 将发尾向上提拉，用卡子固定。

06 取左侧区剩余的头发，并进行两股拧绳处理。

07 进行手推花操作至头发的根部，将其缠绕并固定。

08 调整发丝边缘的轮廓及线条纹理。

09 佩戴碎花，点缀发型。

所用手法：

烫发、打毛、拧转、抽丝。

造型重点：

顶区头发的根部打毛处理要到位。将头发向后梳理时，不宜用梳齿直接梳理，以免因过于光洁而无法表现出自然的空气感。

风格特征：

偏侧微卷的刘海妩媚而具有风情，结合简约蓬松的拧包盘发，搭配绢花，整体发型尽显新娘娇美可人的田园风格。

01 将所有的头发用中号电卷棒烫卷。

02 分出刘海区的头发。

03 将顶区头发的根部做打毛处理。

04 将打毛的头发向后梳理。

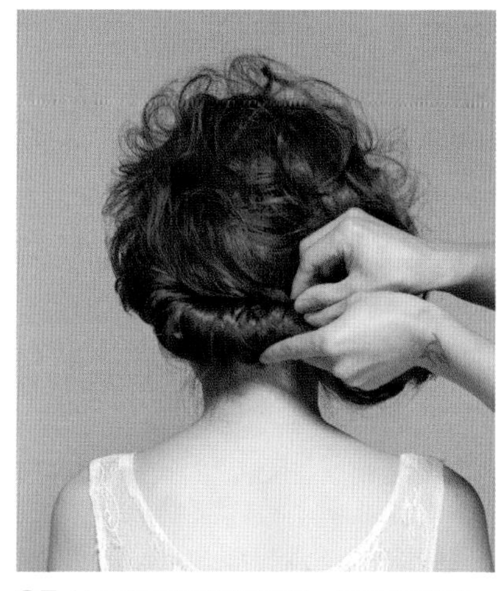

05 从后发区的左侧开始，将头发拧转，收起并固定。

06 将右侧区的头发拧转并固定，使左右发髻自然衔接。

07 调整刘海区发丝的轮廓和线条。

08 在顶区抽出少量发丝，增添发型的透气感，喷发胶定型。

09 佩戴头饰，点缀发型。

所用手法：

烫发、打毛、拧转。

造型重点：

此款发型操作手法较为简单，重点需掌握好烫发的技巧，在烫发时发片提拉角度要大于 90°。

风格特征：

浪漫蓬松的卷发发型结合双侧垂坠的发卷修饰脸形，通过仿真花的点缀，烘托出层次，整体发型尽显新娘唯美浪漫、时尚俏丽的气质。

01 取中号电卷棒，将所有的头发烫卷。

02 将所有的卷发用手指抓开。

03 取左侧区的头发，将根部打毛。

04 将打毛后的头发梳理干净，做两股拧转并固定。

05 取后发区左侧的发片，向上提拉，拧转并固定。

06 取后发区中部的头发，进行手推花并将其拧转。

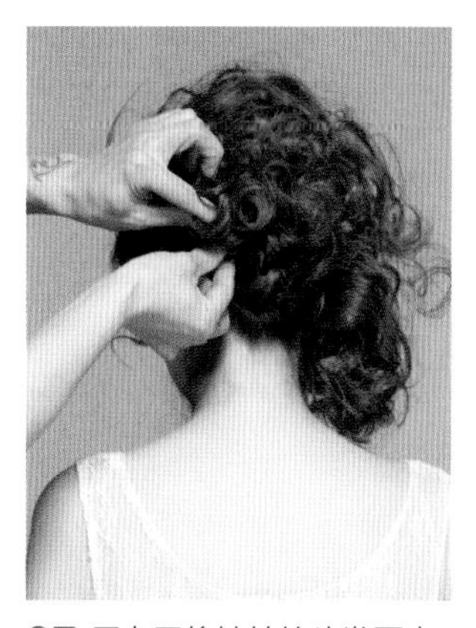

07 用卡子将拧转的头发固定，并调整其轮廓。

08 取右侧区剩余的头发，由外向内拧转。

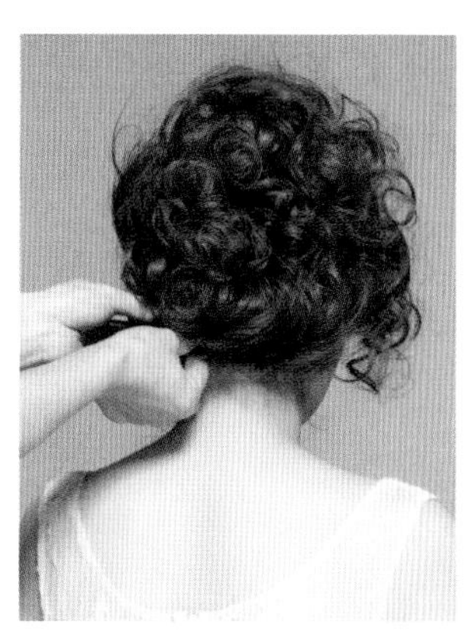

09 沿着发际线边缘向内收起并固定。

10 调整发髻轮廓及发丝线条。

11 喷发胶定型。

12 佩戴仿真花，点缀发型。

所用手法：

烫发、卷筒、拧转、打毛。

造型重点：

将刘海平分，其根部打毛处理要到位，使其能形成一个高耸的刘海弧度。

风格特征：

优雅的卷筒低发髻盘发结合中分的双侧刘海，搭配顶区的头饰，整体发型尽显新娘优雅迷人的高贵气质。

01 用中号电卷棒将所有的头发烫卷。

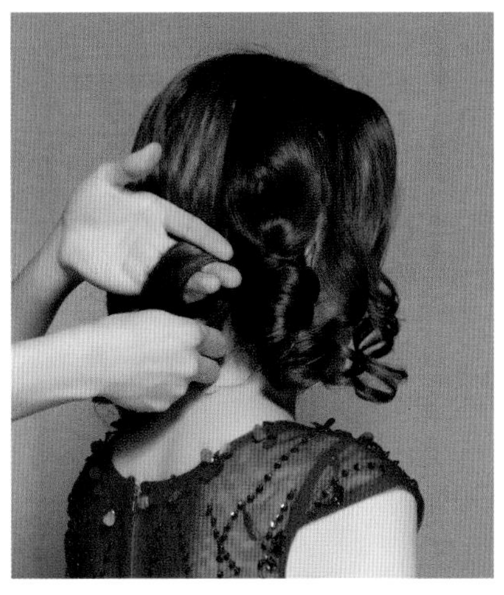

02 分出后发区右侧的一束发片，做卷筒后收起并固定。

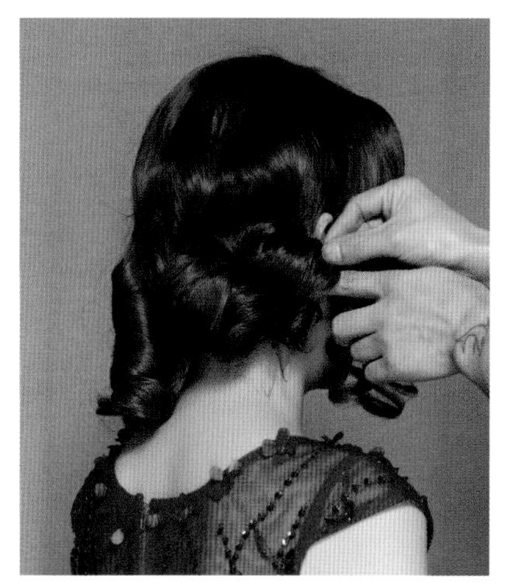

03 继续用相同的手法处理第二束发片，做卷筒，收起并固定。

04 将后发区左侧的头发做卷筒，收起并固定。

05 继续以相同的手法处理左侧区剩余的头发，做卷筒，收起并固定。

06 将刘海区头发的根部做打毛处理。

07 将打毛的头发表面梳理干净，向后提拉，拧转并固定在后发髻处。

08 将右侧刘海区的头发用相同的手法进行操作。

09 佩戴头饰，点缀发型。

所用手法：

烫发、束马尾、拧转、卷筒。

造型重点：

顶区发髻是整个发型的固定轴心点，所以在打造发型时，一定要将其固定牢固，边缘拧转的发片提拉角度需大于 90° 。

风格特征：

平滑光洁的卷筒刘海凸显出发型的轻复古风格；双侧飘逸动感的发丝，使得整体发型复古优雅的同时，为新娘增添了一份时尚动感。

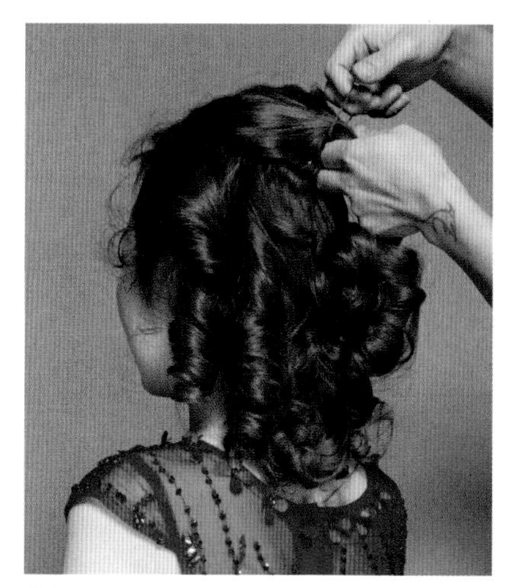

01 将头发烫卷后，取顶区的头发，将其束马尾。

02 拉扯马尾边缘的头发。

03 将发尾头发拧转盘起并固定。

04 取左侧区的一束发片，向上提拉，拧转并固定。

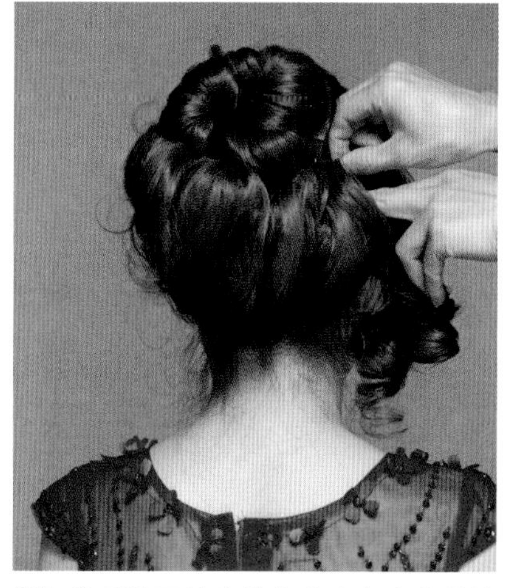

05 将后发区的头发依次由左向右拧转后，提拉并固定，与顶区发髻自然衔接。

06 继续用相同的手法将剩余的头发拧转并固定。

07 将刘海区的头发梳理光洁，向前做卷筒，将卷筒收起并固定。

08 在左右两侧抽出少量发丝，用电卷棒烫卷。

09 佩戴头饰，点缀发型。

03
经典特色服饰发型案例解析

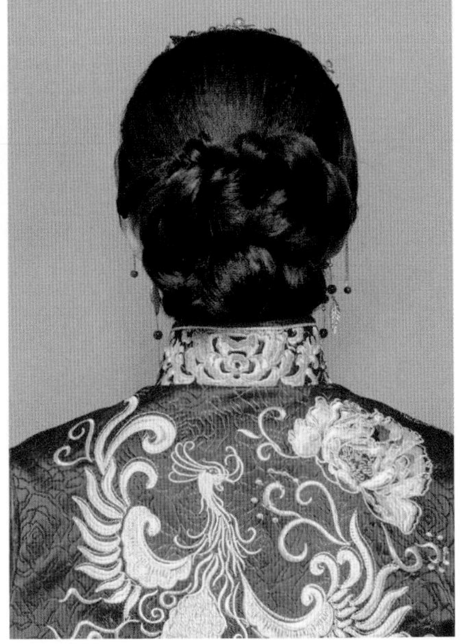

所用手法：

烫发、束马尾、两股拧绳、拧转。

造型重点：

在打造发型时，要力求光洁干净，后发区的发髻要饱满圆润。如果新娘的发量不够，可通过对头发玉米烫来增加发量。

风格特征：

端庄雅致的低发髻盘发、对称的刘海中分设计搭配流苏头饰，整体发型凸显出新娘含羞娇美的迷人气质。

01 将刘海区平分处理。

02 左右两侧以耳后方为基准线分出三个发区。

03 将后发区的头发束低马尾。

04 取后发区的一束发片，进行两股拧绳。

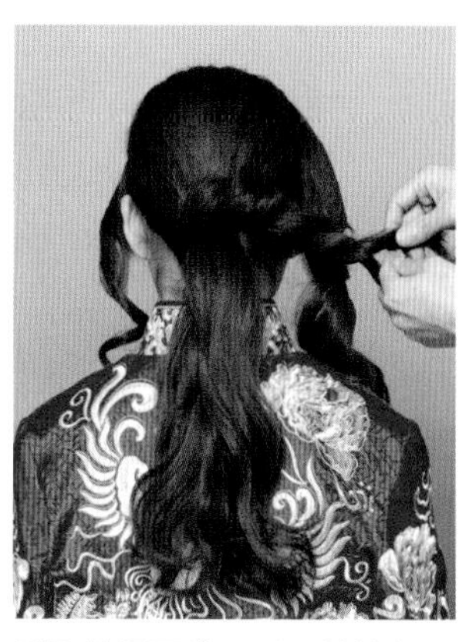

05 拧绳至发尾后，将拧绳沿着马尾发髻缠绕并固定。

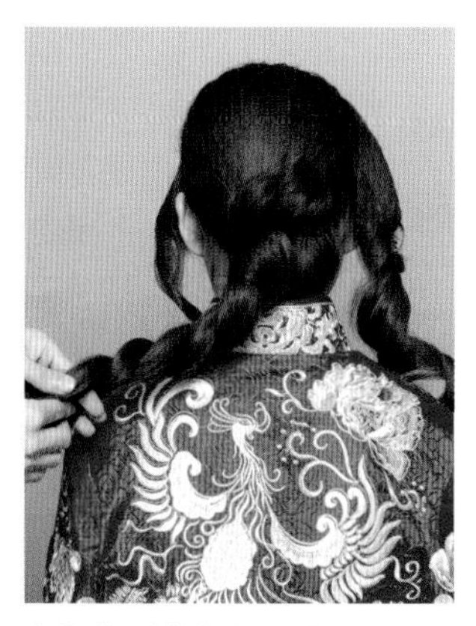

06 将剩余的头发进行两股拧绳处理至发尾。

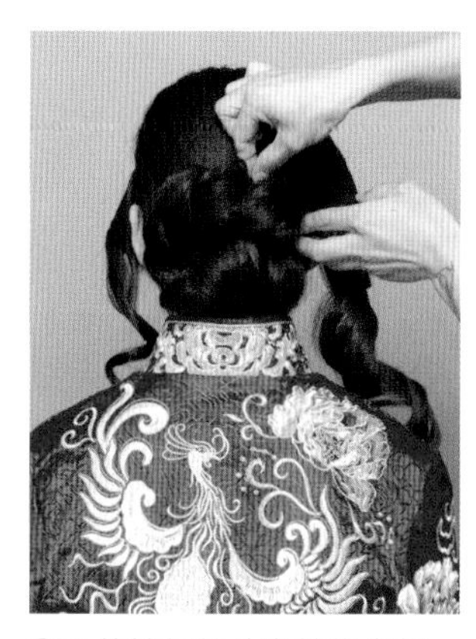

07 将拧绳的头发缠绕盘起，固定成低发髻。

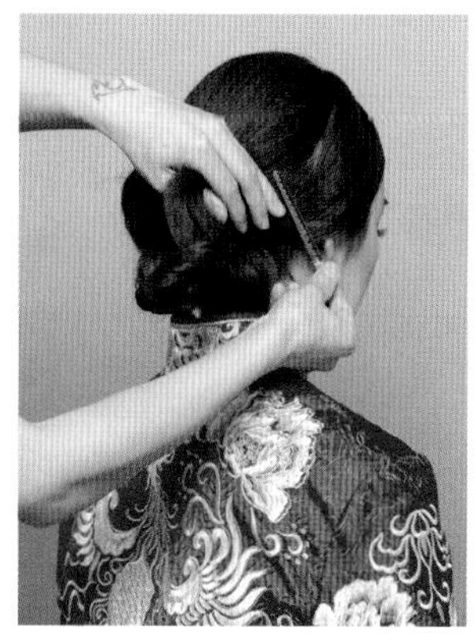

08 将右侧刘海区的头发向后梳理，用鸭嘴夹将其固定在右耳后方。

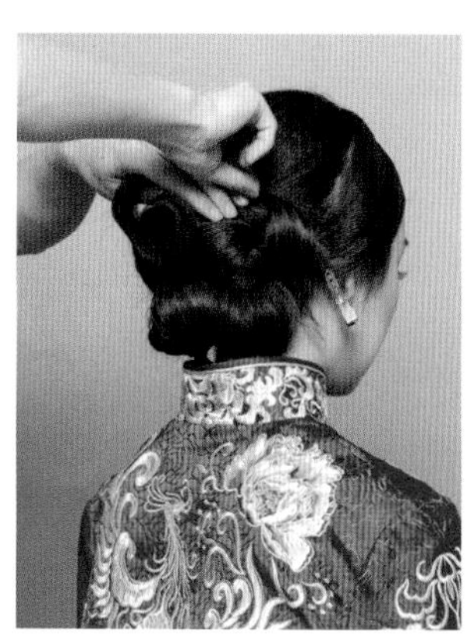

09 将发尾头发沿着后发髻拧转并固定。

10 拧转并固定发尾。

11 对左侧刘海区的头发以相同的手法进行操作。

12 佩戴头饰，点缀发型。

所用手法：

烫发、拧转、两股拧绳。

造型重点：

前额的发卷要处理得光洁干净，在操作时可涂抹发蜡或啫喱抚平碎发。后发区发髻要求轮廓紧致而饱满，左右发髻对称与不对称均可。

风格特征：

古典的发卷刘海发型妩媚而婉约，紧致的拧绳发髻端庄而大气，搭配流苏古装头饰，整体发型展现出新娘端庄高贵、娇媚动人的气质。

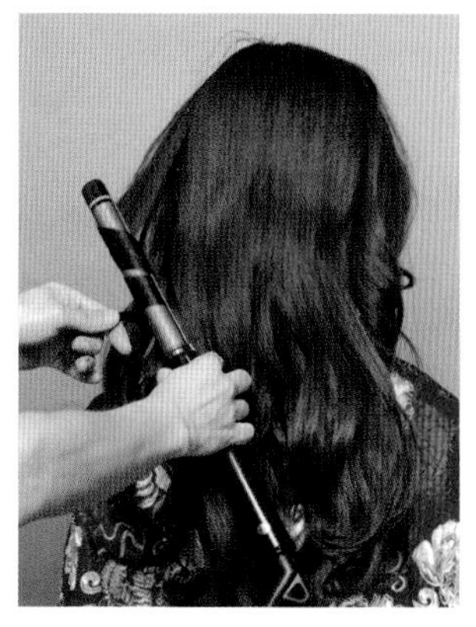

01 将所有的头发烫卷。

02 分出刘海区头发，做圆形弧度拧转。

03 用卡子固定拧转后的头发。

04 取后发区左右两侧各一束发片，将两束发片交叉拧转。

05 将拧转后的发片继续进行拧包处理。

06 用卡子固定拧包。

07 取后发区左侧的一束发片，向右侧提拉，拧转并固定。

08 取后发区右侧的一束发片，向左侧提拉，拧转并固定。

09 取后发区的头发，进行两股拧绳处理至发尾。

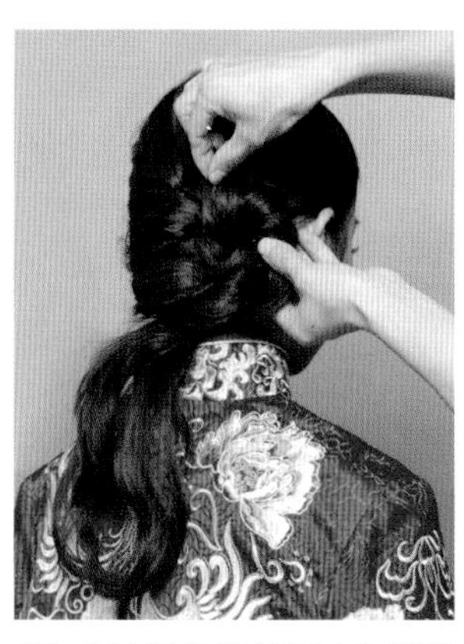

10 将拧绳盘绕并固定在后发区的右侧。

11 将剩余的头发做两股拧绳，缠绕并固定在后发区的左侧。

12 佩戴头饰，点缀发型。

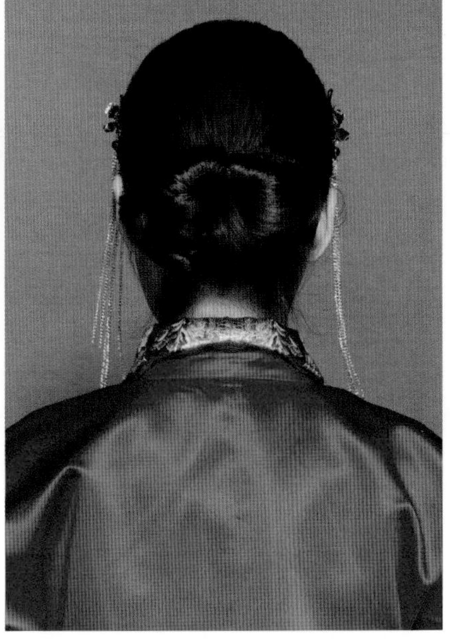

所用手法：

束马尾、拧包。

造型重点：

此款发型力求发型边缘光洁干净，后发区低发髻的轮廓要精致而饱满。

风格特征：

极简的低发髻盘发优雅而端庄，搭配华丽的流苏额饰，整体发型凸显出新娘端庄娴静的婉约气质。

01 将所有的头发束马尾。

02 将顶区做拧包盘起并固定。将发尾头发分出数个发片。

03 将发片依次沿着马尾发髻处拧转并固定。

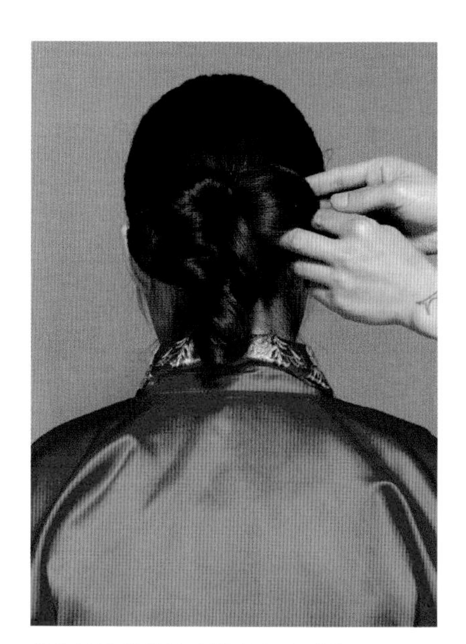

04 拧转的发片应注意左右对称。

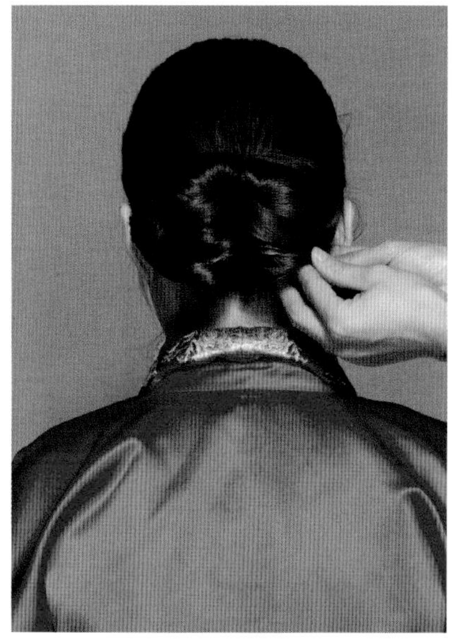

05 将剩余的头发拧转并固定。发片边缘要光洁干净。

06 在前额处佩戴头饰，点缀发型。

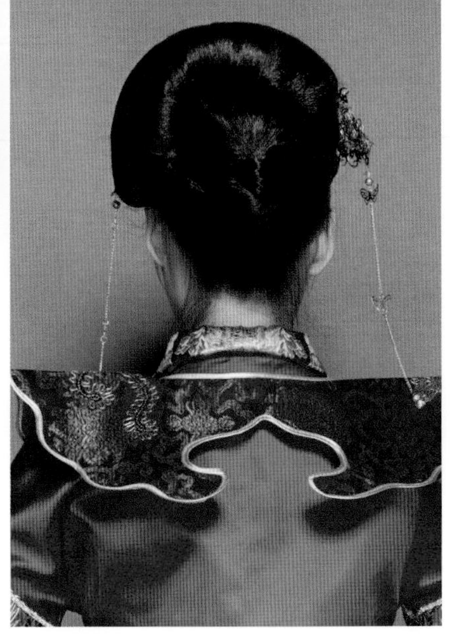

所用手法：

束马尾、拧转、真假发结合。

造型重点：

此款发型中，前额处刘海的半圆形轮廓发辫要贴合额头固定，顶区及后发区的真假发衔接要自然，使整体发型更加协调。

风格特征：

高耸饱满的真假发盘发结合别致、复古的发辫刘海，再搭配头饰，整体发型凸显出新娘雅致的古典气质。

01 将所有的头发束马尾。

02 将马尾的头发拧转缠绕成发髻固定。

03 取一根假发辫，在左侧前额处盘绕成半圆形轮廓并固定。

04 继续将假发辫盘绕成半圆形，固定在前额中部的位置。

05 将剩余的发辫缠绕成半圆形轮廓，固定在右侧的前额处。

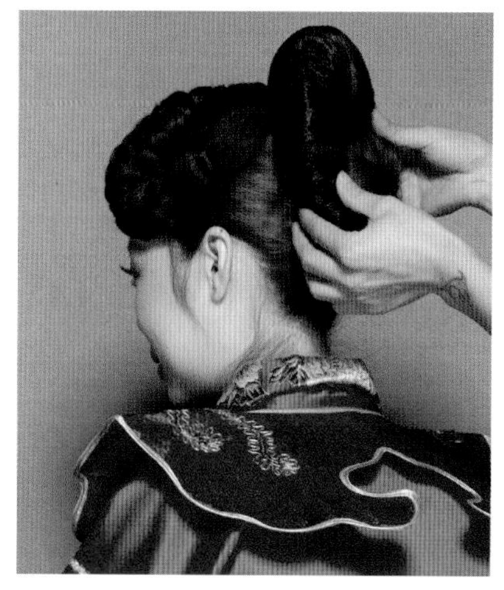

06 取月牙形假发包，固定在后发髻的顶区。

07 继续取月牙状的假发包，与之前的发髻叠加并固定在顶区。

08 取蝴蝶结假发包，填充在后发区并固定。

09 佩戴头饰，点缀发型。

所用手法：

束马尾、打毛、三股单边续发编辫、真假发结合。

造型重点：

在打造发型时需注意左右编发刘海在发片续入时提拉的角度，如果发辫提拉的角度不够，则无法包裹假发包的表面。

风格特征：

对称的编发刘海和运用真假发结合的手法打造的高耸而饱满的发包，使发型轮廓更具协调性。再搭配饰品，整体发型凸显出新娘娴静优雅的古典气质。

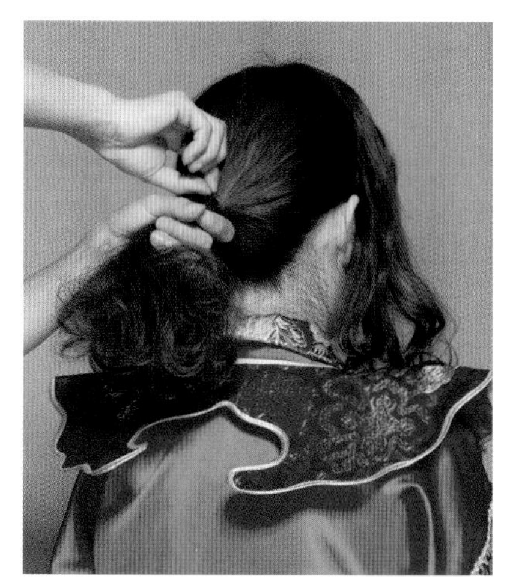

01 将后发区的头发束低马尾。

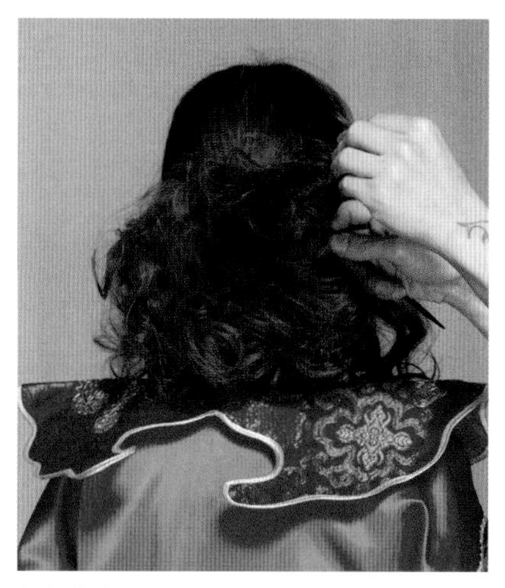

02 将发尾头发做打毛处理。

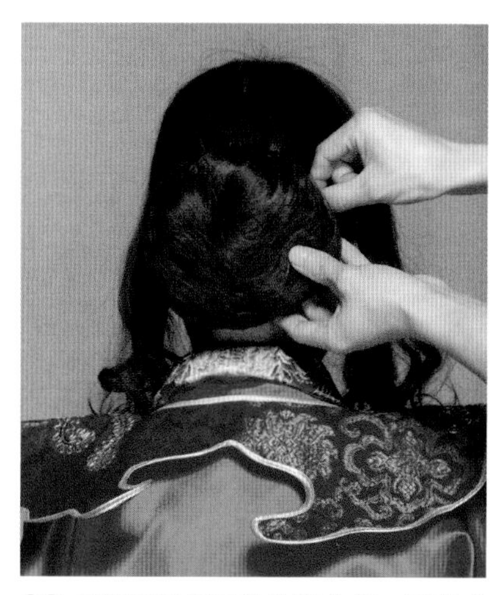

03 用发网将打毛的头发收起，固定成饱满的发髻。

04 取右侧刘海区的头发，进行三股单边续发编辫。

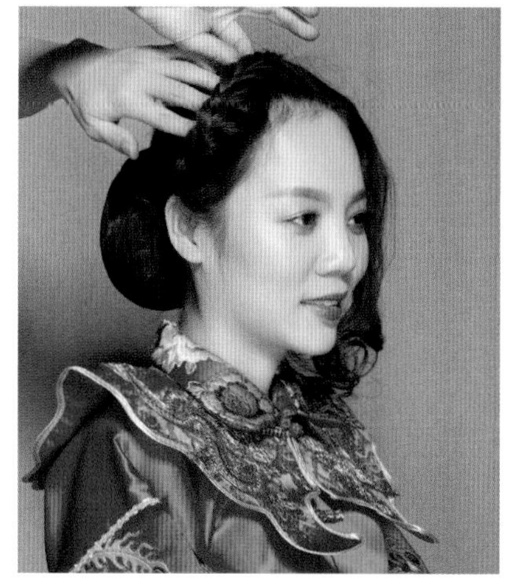

05 编至发尾，用皮筋固定后，将发尾对折，并将发尾向内收起并固定。

06 用相同的手法对左侧刘海进行操作。

07 取假发包，用其填充在左右刘海发辫的后侧。

08 取月牙状假发包，将其填充固定在枕骨处。

09 佩戴头饰，点缀发型。

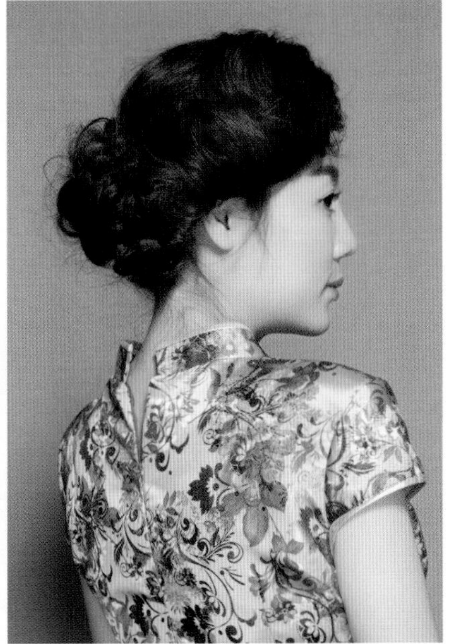

所用手法：

烫发、束马尾、手推花、拧转、打毛、卷筒。

造型重点：

在打造这款发型前，要清楚发型塑造的轮廓及走向，后发区在拧绳抽丝堆砌发髻时，要掌握“缺哪里补哪里”的原则，使发型轮廓更加饱满而圆润。

风格特征：

偏侧发髻结合外翻刘海，搭配流苏头饰，凸显出新娘时尚优雅的气质。

01 将所有的头发烫卷，分出刘海区及后发区的头发。

02 将后发区的头发束偏侧马尾。

03 将马尾中的一束发片做手推花处理。

04 将手推花的头发拧转并固定。

05 将剩余的发尾依次用相同的手法进行操作。

06 将刘海区的头发进行外翻打毛处理。

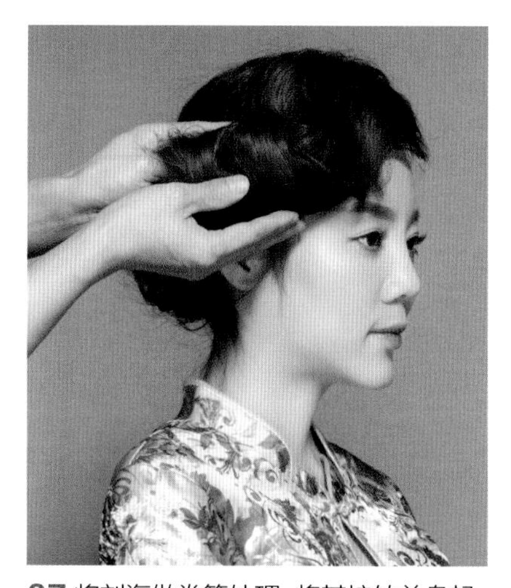

07 将刘海做卷筒处理，将其拧转并盘起。

08 使拧转后的头发与后发髻衔接并固定。

09 佩戴头饰，点缀发型。

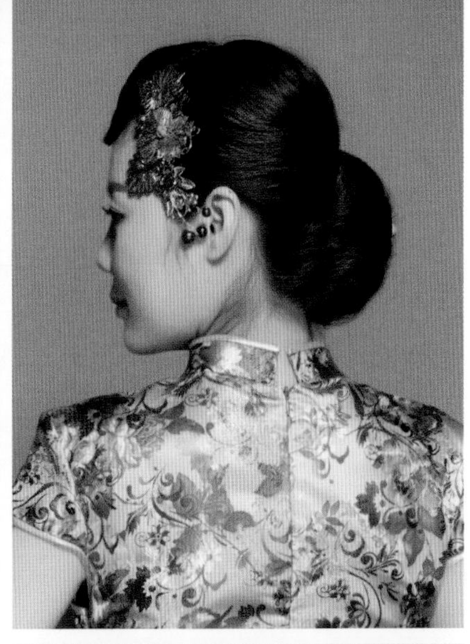

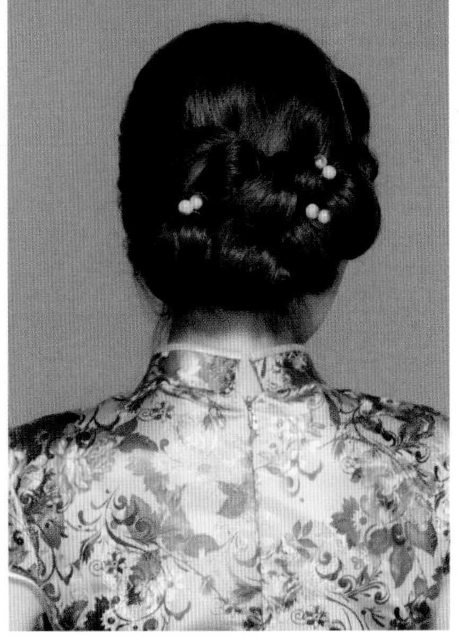

所用手法：

烫发、拧转、手推波纹。

造型重点：

在打造这款发型时，刘海手推波纹的纹理要鲜明，表面要光洁干净。刘海表面要梳理干净，以一前一后推送的手法打造波纹的轮廓弧度，同时发尾要与后发区自然衔接。

风格特征：

偏侧拧转手法盘发结合复古手推波纹刘海，搭配饰品，发型尽显新娘复古雅致的独特气质。

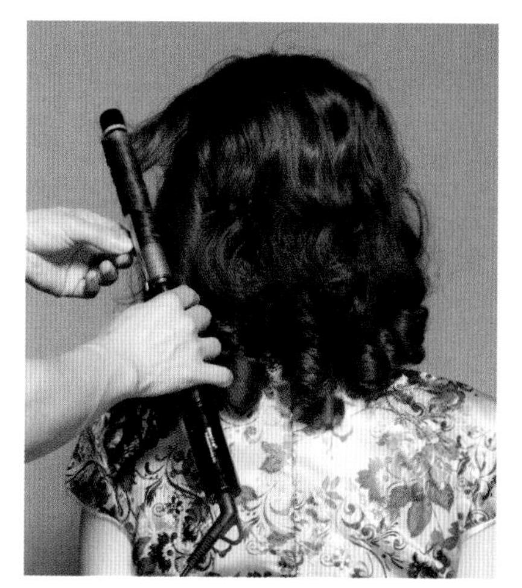

01 将所有的头发烫卷。

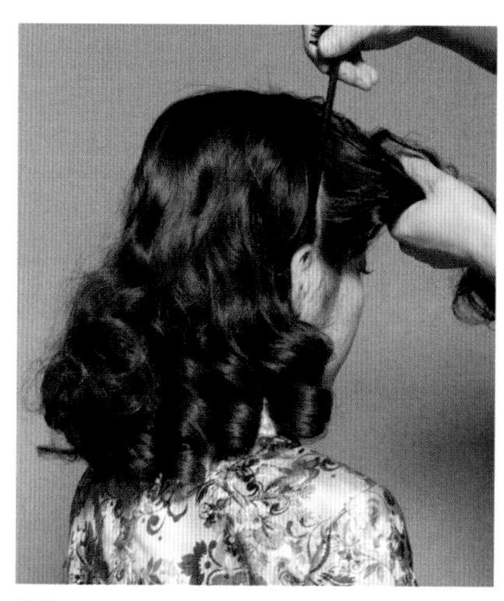

02 以右耳为基准，分出右侧刘海区的头发。

03 取后发区左侧的一束发片，向枕骨处提拉，拧转并固定。

04 取后发区的一束发片，向上提拉，拧转并固定。

05 继续取后发区的一束发片，向右侧拧转并固定。

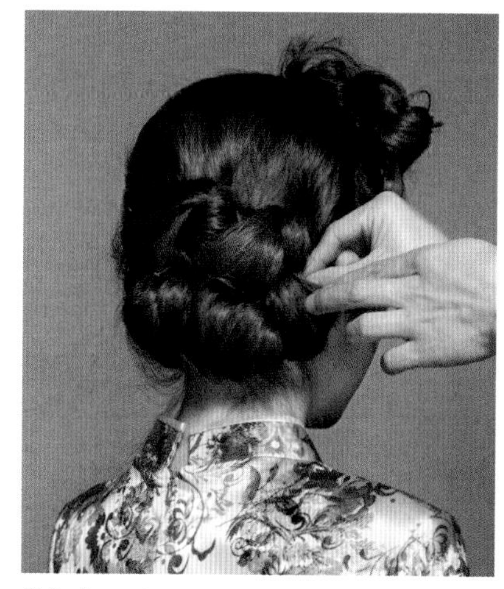

06 将后发区所有的头发依次向右侧拧转并固定。

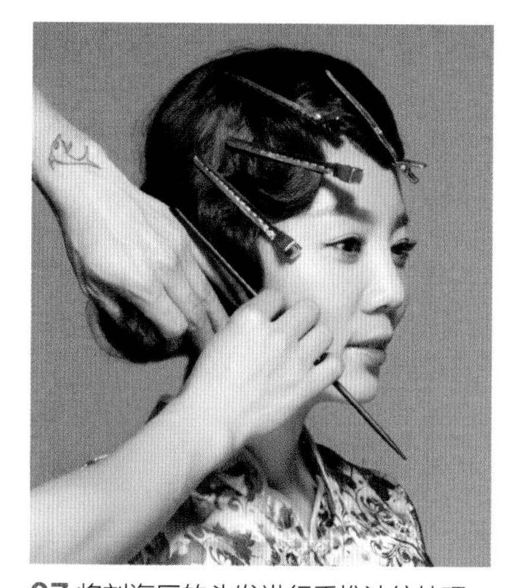

07 将刘海区的头发进行手推波纹处理。

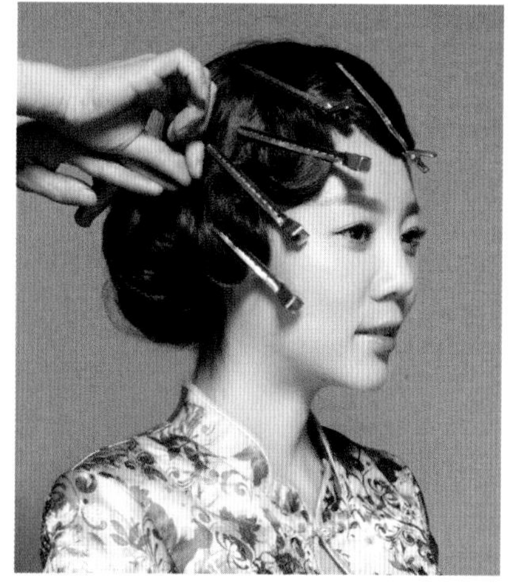

08 依次推出纹理后，用鸭嘴夹固定，喷发胶定型，将发尾向后收起并固定。

09 待发胶干后，取出鸭嘴夹，佩戴头饰，点缀发型。

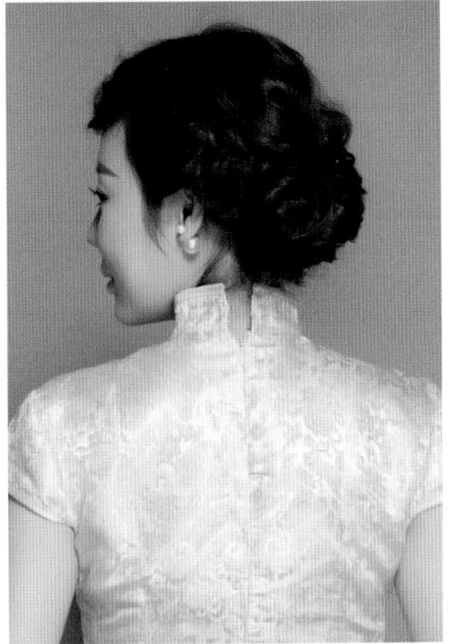

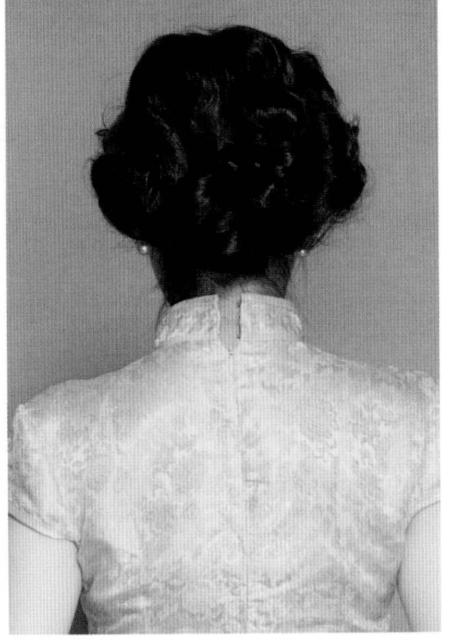

所用手法：

烫发、手推花、两股拧绳、拧转。

造型重点：

在打造这款发型时，后发区发髻做手推花盘发时，纹理要清晰、轮廓要蓬松而干净，边缘不宜有碎发。刘海区的头发在烫发时应以内扣的手法烫卷，这样可以轻松打造复古的波纹纹理。

风格特征：

蓬松饱满的盘发结合时尚含蓄的复古刘海，再搭配发卡，整体发型凸显出新娘优雅娴静的闺秀气息。

01 将所有的头发烫卷。

02 将刘海区的头发三七分。

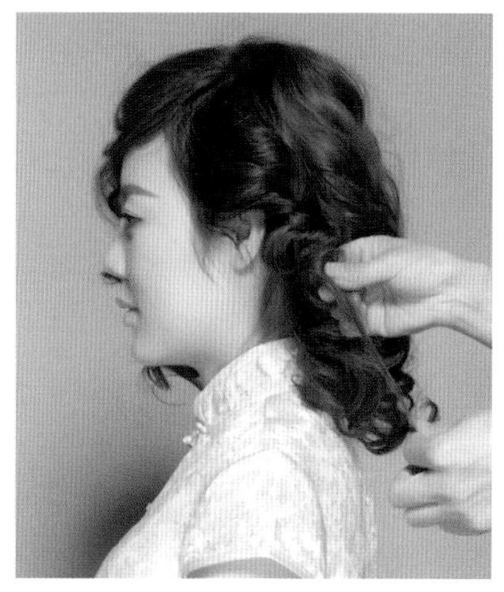

03 取左侧区的一束发片，进行手推花处理。

04 将手推花的头发固定在左侧耳部上方处。

05 将后发区的头发竖向分出发片，由左向右依次用相同的手法进行操作。

06 进行手推花处理，拧转盘起至右侧耳的后方。

07 将刘海区的头发进行两股拧绳处理直至发尾。

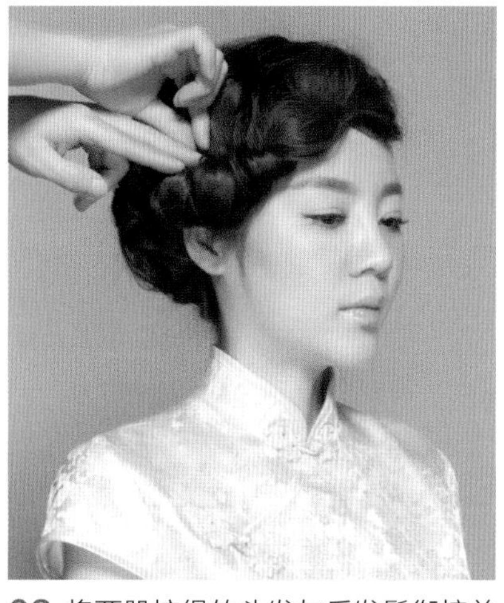

08 将两股拧绳的头发与后发髻衔接并固定。

09 在前额刘海处佩戴发卡，点缀发型。

所用手法：

烫发、两股拧绳、手推花。

造型重点：

在打造这款发型时，发型的分区非常重要，左右两侧及外边缘发区要形成 U 形的发区轮廓。在顶区做手推花盘发时，拧绳手法要处理得松弛有度。

风格特征：

精致的手推花盘发结合灵动飘逸的发丝，点缀娇艳的明黄色花朵，使新娘更显清新俏丽的自然之美。

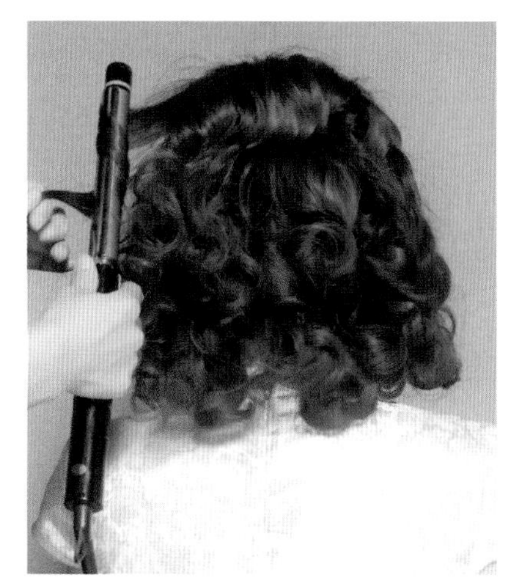

01 将所有的头发用中号电卷棒烫卷。

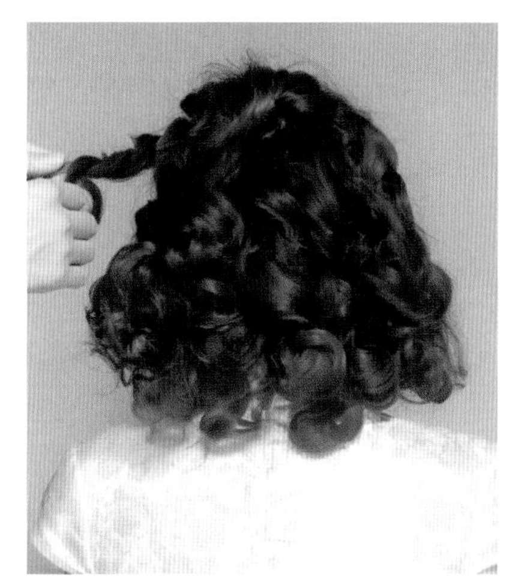

02 取顶区的一束发片，进行两股拧绳处理。

03 将拧绳的头发盘绕并固定在顶区。

04 依次用相同的手法对整个顶区及后发区进行操作。

05 取刘海区的头发，由前向后进行两股拧绳续发，直至后发区的中部。

06 将拧绳的发尾向内收起并固定。

07 取左侧刘海区的头发，由前向后进行两股拧绳续发，直至后发区的中部。

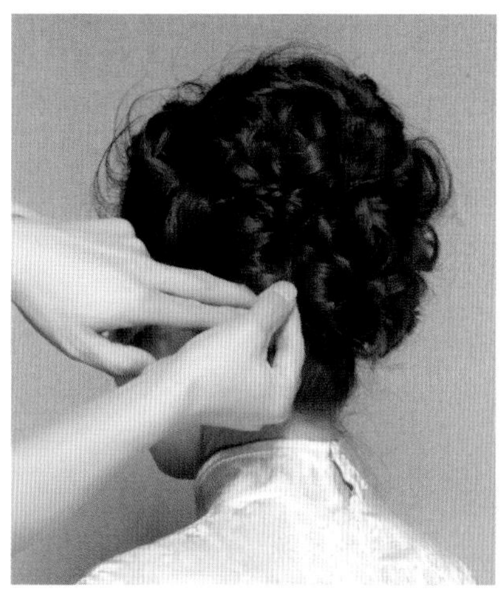

08 将拧绳的发尾向内收起并固定。

09 佩戴仿真花，点缀发型。